中国起源地文化志系列叢書

中国葫芦文化

ZHONGGUO HULU WENHUA

辽宁葫芦岛卷

刘德伟 李竞生 编著

中共葫芦岛市连山区委 起源地文化传播中心

知识产权出版社
全国百佳图书出版单位
—北京—

图书在版编目（CIP）数据

中国葫芦文化. 辽宁葫芦岛卷 / 刘德伟，李竞生编著. —北京：知识产权出版社，2022.10

ISBN 978-7-5130-8354-6

Ⅰ.①中… Ⅱ.①刘… ②李… Ⅲ.①葫芦科—文化研究—中国 Ⅳ.① S642

中国版本图书馆 CIP 数据核字（2022）第 167416 号

责任编辑：宋 云 罗 慧　　责任校对：王 岩
文字编辑：罗 慧　　责任印制：刘译文

中国葫芦文化·辽宁葫芦岛卷

刘德伟 李竞生 编著

出版发行：知识产权出版社有限责任公司　　网 址：http：//www.ipph.cn
社 址：北京市海淀区气象路 50 号院　　邮 编：100081
责编电话：010-82000860 转 8388　　责编邮箱：songyun@cnipr.com
发行电话：010-82000860 转 8101/8102　　发行传真：010-82000893/82005070/82000270
印 刷：三河市国英印务有限公司　　经 销：新华书店、各大网上书店及相关专业书店
开 本：720mm×1000mm 1/16　　印 张：11.5
版 次：2022 年 10 月第 1 版　　印 次：2022 年 10 月第 1 次印刷
字 数：129 千字　　定 价：68.00 元
ISBN 978-7-5130-8354-6

《中国起源地文化志系列丛书》总编委会

《中国起源地文化志系列丛书》《中国葫芦文化·辽宁葫芦岛卷》编委会

主编简介

刘德伟，毕业于北京大学哲学系。现任中国文联民间文艺艺术中心副主任，中国起源地智库专家委员会主任，《中国起源地文化志系列丛书》总主编，上海大学兼职教授。曾任《民间文化论坛》杂志社社长兼主编、中国民间文化遗产抢救保护中心主任、中国西部研究与发展促进会常务理事、中国文艺评论家协会理事、中国大众文化学会理事。近年来主要承担非物质文化遗产抢救保护和理论研究、中国民协专业委员会建设管理、中国民间文化艺术之乡建设管理、民间文艺创作和培训、民间文艺志愿服务等工作。承担“中国民间文化遗产抢救工程”相关出版工作的选题策划、学术研究、编辑审核、田野调查等工作。组织编撰《中国民间故事全书·县卷本》《中国民间故事丛书·县卷本》《中国民间文化艺术之乡丛书》《中国蓝印花布文化档案》《中国历史文化名城·名镇·名村丛书》《中国传统村落立档调查图典》等。组织发起民间文化起源地探源工程，担任《中国起源地文化志系列丛书》总主编。在相关报纸、杂志发表新闻作品、学术论文和田野调查报告多篇，著有个人文集《享受台风》，著有《民间文化起源地探源与文化创意产业研究》，编著有《中国旗袍文化·沈阳卷》《中国葫芦文化·天津宝坻卷》《中国精卫文化·山西长子卷》等。

李竞生，毕业于北京大学，现为中国民协中国起源地文化研究中心执行主任、中国西促会起源地文化发展研究工作委员会主任、起源地文化传播中心主任、起源地城市规划设计院院长、中国民间文艺家协会会员。兼任北京大学科技园创业导师，宁夏回族自治区中宁县人民政府、河北省宽城满族自治县人民政府、山西省长子县人民政府等地文化产业顾问，入选 2017 年、2018 年、2019 年中国文化产业年度人物 100 人名单，2021 年度中国产业研究青年学者百强名单。主要研究领域为起源地文化、文化创意、文化产业、文化旅游、知识产权、品牌策划、品牌管理、乡村振兴等。主要作品有《民间文化起源地探源与文化创意产业研究》《中国旗袍文化·沈阳卷》《中国葫芦文化·天津宝坻卷》《中国精卫文化·山西长子卷》《天妃文化在宁波》《中国起源地名录》《蒙学十三经》《蒙学五经》《满族文化美食四十九道馔》等。

连山区风光（寺儿堡镇人民政府供图）

连山区风光（寺儿堡镇人民政府供图）

连山区寺儿堡镇“葫芦志”碑刻（寺儿堡镇人民政府供图）

农创葫芦种植（李竞生　摄）

连山区区委书记张猛在寺儿堡镇视察
（寺儿堡镇人民政府供图）

中国葫芦文化重要起源地、中国葫芦农创文化起源地研究课题启动暨
研讨论证会（唐磊　摄）

“红船精神”烙画葫芦（寺儿堡镇人民政府供图）

雕刻葫芦作品：福禄（寺儿堡镇人民政府供图）

中国葫芦文化、中国葫芦农创文化起源地研究课题开题研讨会
（寺儿堡镇人民政府供图）

中国葫芦文化重要起源地研究课题组专家寺儿堡镇老边村田野考察（唐磊　摄）

中国葫芦文化重要起源地研究课题组专家寺儿堡镇老边村田野调察（唐磊　摄）

中国葫芦文化重要起源地、中国葫芦农创文化起源地研究课题启动（唐磊　摄）

序一 探寻中华起源 增强文化自信

党的十九大报告指出，文化是一个国家、一个民族的灵魂。文化兴国运兴，文化强民族强。文化自信是一个国家、一个民族发展中更基本、更深沉、更持久的力量。没有高度的文化自信，没有文化的繁荣兴盛，就没有中华民族伟大复兴。

中国民协中国起源地文化研究中心自成立以来，紧紧围绕“探寻中华起源、增强文化自信”这一宗旨，研究并记录了一系列物质和非物质文化起源，开展了探寻起源地文化万里行系列活动，编辑出版了一系列课题研究报告，取得了阶段性重大成果，在社会上引起了广泛的良好的影响，为文化兴国、文化强国做出了贡献。

李　蒙

第十届全国政协副主席

第九届全国人大常委会委员

（本序言节选自李蒙同志致第四届中国起源地文化论坛的贺信）

序二 欲流之远者，必浚其泉源

万事万物皆有源。

每一项历史存在的来龙去脉缘聚缘散，都不是简单的花落花开云去云来，而是蕴含着复杂的因果必然。

那个“我从哪里来”的亘古命题，至今仍有诸多谜团有待破解，今天人类总是在不断的发现中不断接近自我的本来真相。研究起源文化正是要揭开一个个神秘的历史悬案的面纱。

源头起点蕴含着丰沛的源动力。从源头中汲取智慧的营养，把握事态的端倪和变化发展的轨迹，透彻地观照历史走向的规律，可以更好应对现实要求和社会变迁。

“往古者，所以知今也”，一个民族要敬仰自己的先贤，敬畏自己的历史，要记住和珍视自己从哪里来。不知道从哪里来，就不知道向哪里去，不了解自己的历史，就无法面向未来。

中国人素有认祖归宗的文化传统和追根溯源的民族特

质。这是我们这个古老民族的美德和智慧，也是中华文明几千年薪火相传文脉不断的根本缘由。

一片能够孕育出文明的土地，就像是一个有着鲜活生命的机体存在，自有其精神灵性的飞动，如同一个有着时间与空间的历史孵化器，成为这一地域人类文化的生命摇篮。

每个地域都会生长出自己的精神，从而造就出这里的人的独特个性气质，成为这里的人的族群的生命之花朵的陈酿。

一种文化诞生后，都会带着一根隐形的剪不断的脐带，那就是与他生死相联的源自起源地特有的血缘基因，并会终生都鲜明地体现出文化的籍贯与烙印，以及永远都抹不掉的胎记，成为一条不竭的文化脉动。

所谓“以古为鉴，可以知兴替”，历史是过去的现实，起源是历史的发端，所有现实的飞舞，都是历史的化蝶。起源的活水在，历史就是活着的；历史是活着的，现实就仍会生发着勃勃生机。

“问渠哪得清如许，为有源头活水来”，对于那些已然消逝的过去和模糊的曾经，无论是盛世荣光还是乱世哀鸣，都有着必然的历史规律，挖掘出掩埋在古老时光中的那些宝贵的成因以及经验和规律，以之馈赠给今天的人们，无疑有着重要的价值和意义。因此找到和知道源头尤为重要。

中国人历来以自己有悠久的历史和光辉的古代文明而自豪。但这个文明究竟是什么时候起源的，在世界文明史上又占有什么地位，以前我们很少深究。

对起源地文化的探究，会让一个民族寻回自身的文化基因，从文化中获得警示，从文化中汲取力量，从民族根性文化和起源地文化之中去挖掘原生的动力和潜力，而后则能够得到再创造、再发现、再前进的源发性活力与动力。

欧洲文艺复兴时期，知识精英们回望了先祖的文化，他们回到了古希腊、古罗马，去汲取他们的祖先给予的力量，从而开创了欧洲文化的新纪元，也实现了人类文明的新发展。今天的中国何尝不是进入到了这样的一个新时代呢，是不是也应该酝酿和急需一次来自亘古动力的伟大复兴呢？

在文化面前我们应该是卑躬的，在起源面前我们应该是敬重的。探寻起源文化需怀有一颗敬畏之心，毕恭毕敬地弯下腰来，沉下心来，轻轻地拂去时间的落垢尘埃，掬手映月，小心翼翼地触摸和捧奉，屏声敛气走进历史的地下层、文化的深水区，钩沉出诗意的碎片，打捞上史剧的绝响。

世事沧桑，弹指千年。或许人类对远古文明的起源记忆和线索，很难从文书典籍或书本课堂里获得，只有走出书斋深入生活，走进民间去洞悉那些来自农家的土炕上、乡村的田野里，以及源自遥远的历史进程中带着泥土气息和乡音的传说和故事里去探寻和挖掘。

“礼失求诸野”。当我们以科学的态度去探索和诠释那些无法触及、很难追溯、不可思议的古老文明时，你会发现有一条民间的线索仍在延伸着，传承着，诉说着与此相关的，具有鲜活生命印记的许多优美传说。而这些都可以作为我们探寻起源地文化的佐证。

《中国起源地文化志系列从书》在田野调查、文字记录、图片拍摄和音频视频等信息采集及查阅大量史料的基础上，形成了以中国起源地文化研究课题的成果，力求紧扣区域特色，彰显民族民间文化多样性，多维度、多向度、全方位、全景观地展现起源地文化风貌，以及新时代人文精神的宏大历史背景和微观叙事的再现。以客观、科学、理性的态度记录、梳理、传承、发展、传播各物质、非物质文化的起源。

找到了一种物质文明和非物质文明的起源，无异于获得了一把打开和解读这种物质世界和精神世界的钥匙。

“欲流之远者，必浚其泉源”。探明文化的积淀“库存”，开掘文化的富矿资源，用好文化的起源活水，激发文化的凝心聚力、成风化人的独特作用。我们就一定可以发时代之先声、开社会之先风、启智慧之先河，让古老的文化促进当代社会的变革前进和国家的兴旺发展。功莫大焉。

羅楊

中央文史馆特约研究员

中国民间文艺家协会顾问

中国起源地顾问、智库专家

二〇二〇年十月

序三 保护起源地文化宣言

问渠那得清如许，为有源头活水来。

中华文明源远流长，翘楚世界，建今日之中国，必承往日之中国。

鉴此，我们郑重宣告：

克承传统，光大传统，取精华、涤糟粕、融时代，为终生奋斗之事业。

筚路蓝缕，不绝清音。

上溯三皇五帝，历代高贤大德，莫不以修齐治平立命，虽百死不夺其志。

故中华民族之时代精神，即社会主义核心价值观。

民为国本，德为人本，廉为官本，公为治本。

溯本求源，本末兼之，方为上善。

文以载道，任重而道远。

温文尔雅，不坠泱泱礼仪之邦。

三人成众，双木成林。

风成化习，果行育德，斯文大盛。
期待同道，与我同袍；
期待同泽，与我偕行！

羅楊
中央文史馆特约研究员
中国民间文艺家协会顾问
中国起源地顾问、智库专家
二〇一四年十二月

前言

葫芦者，福禄也。葫芦，谐音“福禄”，是中华优秀传统文化意象中的重要组成部分，是中国吉祥文化的象征和代表，是中华民族物质文明和精神文明的结晶，并以独特的方式彰显着中华优秀传统文化的魅力。季羡林在对刘尧汉所著文章《论中华葫芦文化》所作的评述中提道：“我国民族确属兄弟民族，具有共同的原始葫芦文化传统。”葫芦外形柔和圆润、线条流畅，上下球体浑然天成，符合“尚和合”“求大同”的理念。“左瓢右瓢，可盛千百福禄；大肚小肚，能容天下万物”，葫芦集民间文化、信仰文化、绘画艺术等内涵于一身，其蕴含着的幸福、吉祥、平安、和谐、多子、福寿等美好寓意，连接起中国与世界，也连接起过去、现在与未来。

葫芦农创文化是文化创新，文化创新是实现乡村振兴的重要方式之一。关于葫芦农创文化，北京大学教授、北京大学文化产业研究院学术委员会主任陈少峰这样描述：“葫芦农创文化是把葫芦农业与文化创意产业相结合，核心是葫芦农业文化产业、葫芦农业文创、葫芦农业旅游，葫芦农创文化要以葫芦为主，不局限于葫芦，打造葫芦文化体验中心和葫芦农业主题公园，并与博物馆相结合。”

葫芦岛市是全国唯一乃至全球唯一以葫芦命名的城市，有着悠久的葫芦种植历史。葫芦是葫芦岛市重要的农业生产品种，葫芦农创文化盛行，葫芦已经成为标志性的文化符号。葫芦岛市连山区人民自古以来就对葫芦有着深切的认同，与葫芦建立了难以割舍的情感关系。为进一步挖掘葫芦文化、葫芦农创文化的历史内涵和时代意义，讲好中国葫芦文化、葫芦农创文化故事，2018 年 10 月，葫芦岛市连山区寺儿堡镇人民政府与起源地文化传播中心共同成立中国葫芦文化重要起源地研究课题组，充分借鉴社会各界的研究成果，继承传统，开拓创新，专门对葫芦文化、葫芦农创文化进行了系统性梳理。

《中国起源地文化志系列丛书》之《中国葫芦文化·辽宁葫芦岛卷》基于中国葫芦文化重要起源地、中国葫芦农创文化起源地研究课题成果，结合《中国起源地文化志系列丛书编纂出版规范》进行系统梳理，主要以葫芦文化、葫芦农创文化在辽宁葫芦岛的发展历史及现状为基础，将葫芦文化、葫芦农创文化的发展脉络、地理环境、时空传播、资源特色、民俗特征、产业发展等进行系统挖掘整理，以葫芦文化、葫芦农创文化的起源、发展、演变为核心，通过开展田野考察、网络调研，将民俗文化、文献资料、口述史等综合分析，形成重要成果。

文化传承、创新发展是葫芦文化、葫芦农创文化的重要精神内核，其倡导的爱国、爱家、爱民、爱自然、爱和平、尊重历史、尊重发展、尊重创新、天人合一、和谐共生的理念与人类命运共同体等理念产生了强烈共鸣。未来，我们将继续深化葫芦文化、葫芦农创文化在地区、全国乃至全球文化、经济交流中所起到的积极作用，凝聚全球葫芦文化产业和各界人士的共识，强化葫芦文化、葫芦农创文化的精神纽带作用，展示新时代和平中国、天下一家的负责任的大国形象，推进“一带一路”沿线国家和地区的民心交融，让葫芦文化、葫芦农创文化在人类文明交流互鉴中发挥出新的纽带作用。

目　录 >>>

第一章 葫芦文化的起源与中国葫芦农创文化

葫芦是世界上最古老的作物之一，是中华吉祥文化的象征。葫芦在我国古代社会占有重要位置，因为其易于种植、食用价值高而频繁出现在人们的餐桌上，后来人们又发现葫芦制成的器皿轻巧耐用、经济实惠，葫芦进而成为人们生活的必需品。通过介入无数普通人的日常生活，葫芦逐渐在经济、文化、社会等领域当中承载重大使命。

围绕葫芦所形成的葫芦文化，无疑是中国传统文化的一个重要组成部分。中国几千年的灿烂文化博大精深，葫芦文化经历数千年的历史积淀，以其独特的历史渊源、深厚的文化内涵以及广泛的群众基础，在现代文化中仍占有重要的地位。人们看到葫芦圆润的身姿，联想到的是圆熟的做事风格和圆满的结局，葫芦的读音也正契合人们对人生福禄的祈求。小小葫芦，承载着人们生活的智慧，更展现了古往今来人们对生活的浪漫想象：化为或骈俪或质朴的诗句，或流畅或磅礴的史诗，或夸张或贴近现实的传说故事，或文雅或俚

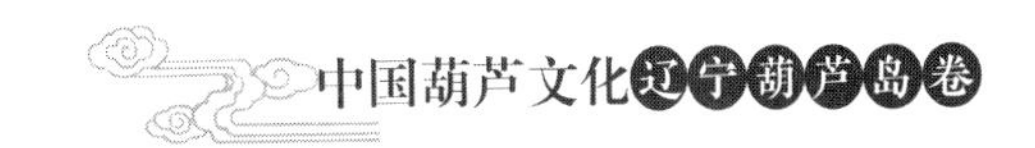

俗的谚语警句。葫芦看似不起眼，但恰如春夜里随风潜至的细雨，对人们生活的影响是润物细无声的。

在经济与社会形态都快速发展的当下，葫芦已不仅仅是食物和简单的生活用具，也是以葫芦岛为代表的葫芦种植区农村产业发展的基点。

以葫芦种植为基础的中国葫芦农创文化，致力于通过打造相关农业创意产品，进而推动葫芦文化发展，在促进文化繁荣的同时，拉动地区经济快速增长。具体来说，中国葫芦农创文化包括工艺、种植、观赏、膳食、科普、文创、文旅等领域。目前葫芦岛市的葫芦农创产业相当突出，理念先进，通过对一系列文化产品的打造，初步形成了集葫芦种植、葫芦文创产品制作与研发、葫芦技艺传承于一体的经营模式。

寺儿堡镇老边村葫芦雕塑（唐磊　摄）

第一节　葫芦用途起源文化探究

说起葫芦，相信大多数人都不陌生，甚至可以想象出这样一幅场景：夏天慵懒的午后，烈日当头，酷暑难耐，与家人一同坐在长廊下，看葫芦藤爬满藤架，带来绿荫与阵阵清凉，有风拂过，经过葫芦藤与葫芦叶的过滤，能感受到是植物的清香而非灼人的热浪。葫芦就是这样一种家常却悄悄为人们带来福利的植物：无论是舀水的瓢，还是盛药的器皿，抑或是饭桌上清新爽口的小菜，葫芦都以其自身的寻常性和实用性进入人们的生活，构成普通人家中与柴米油盐一样不可或缺的一部分。

中国人喜欢讨口彩，事事都要讲究吉利。葫芦与“福禄”发音相似，因而备受中国人青睐。事实上，葫芦也确实以其多种多样的用途为人们带来不少“福禄”。葫芦如果没有在人们生活中的广泛用途，它也难以在历史长河中扎下根来，更不会衍生为一种值得注意的文化现象。不可否认，葫芦的日常用途是葫芦文化发展的起点与基础，因此，对葫芦日常用途的梳理也就尤为重要。

一、葫芦食用

葫芦是一种易于种植且营养丰富的果蔬，嫩时口感清甜，一旦完全成熟便失去了食用价值。元代王祯《农书》中

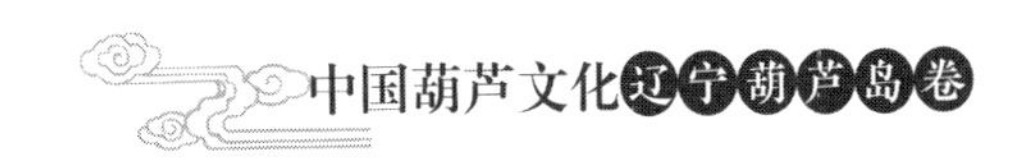

曾有记载："匏之为用甚广，大者可煮作素羹，可和肉煮作荤羹，可蜜煎作果，可削条作干。""匏"是葫芦的古称。葫芦的作用很广泛，我国古代人民常用葫芦来煮汤，既可以单独烹调做成素汤，也可以加些肉一起煮做成荤汤。另外，葫芦可以加蜜做成蜜饯果子，也可以加工成葫芦干，不仅易于保存也别有一番风味。关于葫芦的晾干食用方法，《汉书·食货志》中也曾提到，在边角地种植"瓜瓠果蓏"，并将瓠晒干制成果脯，当作干粮储备，"蓄积以待冬月时用之也"。"瓠"是葫芦另外一种叫法，《农书》又曰："瓠之为物也，累然而生，食之无穷，烹饪咸宜，最为佳蔬。"葫芦的吃法多种多样，无论是煎炒还是煮汤都深受人们喜爱。

由以上记载可见，我国自古就有食用葫芦的习惯，并且机智的古代先民也发现了葫芦的多种吃法，将葫芦的食用价值挖掘到极致。直到今日，葫芦仍活跃在人们的餐桌上，吃法和古书记载也没有太大区别，主要有切成丝煎炒或煮汤、做馅、风干、腌制等几种。新鲜的葫芦有瓜果独有的清香爽口，晒成干脱去水分的葫芦则多了一份敦厚持重，无论哪种吃法，葫芦都不失为一种健康的选择：热量低，富含维生素、胡萝卜素和膳食纤维，还可以为人体补充钠、钾、铁、镁等丰富的微量元素。难怪《管子·立政》中盛赞葫芦的作用："瓜瓠、荤菜、百果不备具，国之贫也"，"瓜瓠、荤菜、百果备具，国之富也"。

二、葫芦器用

葫芦成熟后，外表逐渐木质化，果实中空，失去了食用

价值，其器用价值却自此凸显。庄子在《逍遥游》中记录了惠子的话：“魏王贻我大瓠之种，我树之成而实五石。以盛水浆，其坚不能自举也；剖之以为瓢，则瓠落无所容。非不呺然大也，吾为其无用而掊之。”大葫芦用来装水，坚硬程度不能保全自身；若将葫芦剖开做瓢，又太大无处可放。惠子借大葫芦的故事来讽刺庄子的学说大而无用，但也从侧面反映出早在战国时期，葫芦就是一种非常普遍的容器。

除了盛水、做瓢，葫芦还可以装药。民间俗语“不知葫芦里卖的什么药”反映的正是葫芦装药的功能，久而久之，甚至在一些地区直接将葫芦作为医药的代名词，直接将葫芦悬挂在药铺外作为招牌，以示“悬葫（壶）济世”。

葫芦经过加工打磨，还可以做成杯盏碗碟和花瓶摆件，

葫芦水瓢（寺儿堡镇人民政府供图）

只是工艺较为烦琐，寻常人家不易见，达官贵族使用得较多。清乾隆帝有诗《咏壶卢瓶》："碗盘富有印成模，似此花瓶新样殊。大小葫芦连蔓缀，物毋忘本若斯夫。"大大小小的葫芦本自然生长，形状天成，但人们通过模具使葫芦扭曲变形，逐渐长成人们日常所需的碗碟和花瓶摆件。另外，葫芦还经常被制作成鼻烟壶、虫具、烟斗等，制作过程与葫芦碗碟类似。清末以来，京津一带蓄养鸣虫之风甚盛，葫芦虫具精美小巧，易于携带，曾经风靡一时。

三、葫芦药用

葫芦常作为盛药的容器，事实上，葫芦本身也是一味良药。新鲜的葫芦富含多种营养元素，是滋补佳品；葫芦花、须、蔓甘甜，可做消炎解毒之药，治疗一些皮肤炎症尤其有效；葫芦瓤及葫芦籽性寒味苦，可消水肿，可治牙龈肿或外露，兼具通便利尿、止痛解痒之效。成熟的葫芦果实逐渐变硬，外表逐渐结成硬壳，葫芦壳的药用价值最高，而且葫芦壳的年份越久，药效越佳。东汉时期的药物学著作《神农本草经》记录了葫芦可以消肿利尿，后来《伤寒类要》中也有关于苦葫芦可治疗黄疸的记载。《本草纲目》中记载的以葫芦为药引或原料的药方不下三十种。现代医学研究表明，葫芦的消炎作用来源于其中丰富的胡萝卜素，有学者认为胡萝卜素不仅可以提高免疫力，促进皮肤和骨骼的修复，还有抗癌和抗衰老的作用，对于一些心脑血管疾病也有预防和抑制作用。

四、葫芦乐器

人们最熟悉的葫芦乐器是葫芦丝。葫芦丝又名葫芦箫，是流行于云南傣族、佤族等少数民族的吹奏乐器，由一个完

葫芦岛市区葫芦型的宣传牌（寺儿堡镇人民政府供图）

整的天然葫芦、三根竹管和三枚金属簧片做成，音色轻柔婉转，质朴动人，深受群众喜爱。传说原本流行于中原的葫芦笙传入云南，经当地少数民族改造，才孕育了如今的葫芦丝，因而葫芦丝在构造上与一些古代乐器有异曲同工之妙。与笙类似的古代吹奏乐器还有竽，二者同属匏类乐器，即以葫芦为原材料制成的乐器。人们熟悉的成语典故“滥竽充数”也在一定程度上说明匏类乐器在古代是非常受欢迎的。另外，葫芦做成的乐器还有葫芦二胡、葫芦三弦、葫芦琵琶等，但有些音色不是上佳，所以多为收藏欣赏之用。

总而言之，葫芦虽不起眼，但千百年以来一直在人们的生活中发挥着不可忽视的作用，参与着人们的衣食住行，与浓浓的烟火气息一道，谱写出嘈杂却也生机勃勃的生活奏鸣。

第二节　关于葫芦文化的重要文字记载

考古学家发现，早在7000多年前的河姆渡时期我国就有培育葫芦种子和果实的历史。在古代文献中，关于葫芦的描述也很多，比如“瓠”“匏”“壶”“甘瓠”“壶卢”“蒲卢”等，均指葫芦，《诗经·豳风·七月》中的“七月食瓜，八月断壶”中的“壶”指的就是葫芦。明代李时珍在《本草纲目》中对各种类型的葫芦作了细致的划分：“古人以壶、瓠、匏三名皆可通称，初无分别。而后世以长如越瓜、首尾如一者为瓠，瓠之一头有腹长柄者为悬瓠，无柄而圆大形扁者为

匏，匏之有短柄大腹者为壶，壶之细腰者为蒲芦。”

人们在生活中离不开葫芦，也喜爱葫芦，因而我国古代诗歌中不乏有关葫芦的诗句。比较有代表性的是唐朝张说《咏瓢》：“美酒酌悬瓢，真淳好相映。蜗房卷堕首，鹤颈抽长柄。雅色素而黄，虚心轻且劲。岂无雕刻者，贵此成天性。”葫芦成熟后剖开做成瓢，形状圆润，柄长易握，色泽淡雅，赏心悦目，但最打动诗人的还是这一切都是浑然天成，而非后天雕琢，自然的美总是比人工雕琢更具匠心。

宋代词人张继先也曾歌咏过葫芦：“小小葫芦，生来不大身材矮。子儿在内。无口如何怪。藏得乾坤，此理谁人会。腰间带。臣今偏爱。胜挂金鱼袋。”葫芦无口却肚大能容，与我国传统文化中的淡然包容相契合，难怪词人爱在腰间挂葫芦了。

元代范梈《种瓠二首》中说葫芦“岂是阶庭物，支离亦自奇。已殊凡草蔓，缀得好花枝”，诗人赞赏葫芦与庭院花朵不同，虽然枝干分离却自有风骨，值得钦佩。

明代朱日藩有《家园种壶作》：“弱苗何日引，长柄得谁携。瓠落非无用，鸱夷爱滑稽。”遗落在田间的葫芦不愁无用，自有鸟儿去玩，一幅生机勃勃的农家景象跃然纸上。

除了诗词中有歌咏葫芦的句子，在其他文学作品中对葫芦也有所涉及。人们最耳熟能详的便是《红楼梦》中“薄命女偏逢薄命郎，葫芦僧乱判葫芦案”。贾雨村当年上京赶考之时寄宿葫芦庙，受甄士隐接济，做了官以后不知被两家抢夺的薄命女正是当年甄家丢失的幼女，而是畏惧权势，胡乱判案。这里的“葫芦”一语双关，一是指当年贾雨村寄居的葫芦庙，二是因葫芦与“糊涂”发音类似，暗讽贾雨村是个糊涂人。

如果说用葫芦来暗指糊涂是曹雪芹的创意，那么葫芦庙这一说法却是由来已久。在我国，葫芦往往与宗教仙道等息息相关，自汉代佛教传入我国，佛经中“壶中暗含乾坤”的观念也逐渐渗透进来。《后汉书》中记载着这样一个奇异的故事：汝南人费长房在楼上喝酒，看到街上卖药老头摊位上挂着一个葫芦，集市散了以后老头纵身跳入葫芦里。费长房甚是诧异，便携带礼物拜见老头，老头带着费长房一同跳入葫芦。没想到，葫芦中就像仙境一般，宫殿华丽，酒肉不断，费长房便和老头一起痛饮作乐，享受够了才离开。

也有一种说法，认为费长房进入葫芦并不是简单的喝酒享乐，而是与老头一起修炼仙法，费长房能成为有名的方士也是缘于此。但无论进入葫芦做什么，葫芦中暗藏乾坤的故事核心都没有变。另外，这则故事在东晋道人葛洪的《神仙传》中也有记载，故事前半部分没有什么区别，只是在结尾特地交代了老头的身世，进而解释了为什么老头能带费长房进入壶中：原来老头本是天上的仙人，因办事不力被贬下凡间。因费长房天资过人，值得培养，所以才能见到老头出入壶中，这一奇异景象凡人当然是看不到的。

据考证，这个故事明显受到佛经中故事《壶中人》（也译作《梵志吐壶》）的影响，情节重合度相当高。这则故事出自印度佛经《旧杂譬喻经》，大致情节如下：

当初梵志作法，吐出一个壶来，壶中有个女子慢慢走出，温柔体贴，对梵志照顾周到。不久，女子又吐出一个壶来，壶中又走出一个秀气的男人来。后来梵志醒了，就将男子和女子收回壶里，自己把壶又吞了进去。

两个故事中看似普通的葫芦（壶）中都另有乾坤，只是佛经故事中壶中藏人，费长房的故事里葫芦中的世界更丰富一些，同时还具有一定的象征意义。费长房是东汉时期有名的方士，他的经历是真是假，我们不得而知，但自此以后，葫芦便开始与仙道有了扯不断的关联。小到太上老君装仙丹的葫芦，大到铁拐李搭乘的葫芦，均反映了人们观念中葫芦与求仙之间深厚的联系。

神话故事中的联系简单直接，葫芦一般直接作为某种重要道具登场，但事实上壶中暗含乾坤的观念影响更为深远。李白《下途归石门旧居》中提道："何当脱屣谢时去，壶中别有日月天。"诗中"壶中日月"明显是由东汉费长房的故事衍生而来，既代表费长房所见识过的自在仙境，也代表道家高超的精神追求与洒脱的处世态度。诗人李白不满官场黑暗，不愿攀附权贵、卑躬屈膝，心中向往的是能够得道解脱，终日漫游在自由自在的仙境中。

葫芦本是一种普通的植物，却在我国文学家们的如椽大笔下大放异彩，其中蕴含的诗情画意，直到今日仍让我们回味无穷。

第三节　葫芦民俗文化起源探究

葫芦是一种非常亲民的植物，易栽培，用途广泛，因而在我国不少地方都有与葫芦相关的民间传说和民俗习惯。

与葫芦相关的民间传说大致可分为三种：第一种是人

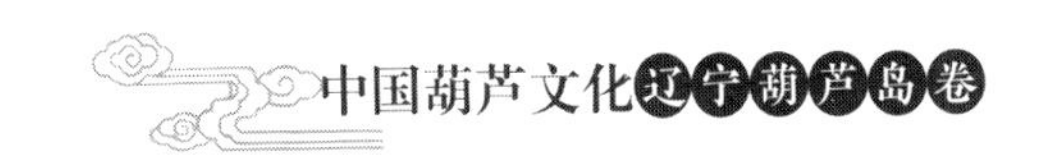

类起源类，故事的主人公多来自葫芦，葫芦象征着孕育人类的母体；第二种是逃生类，葫芦多作为主人公逃生避难的工具，此类故事中的葫芦有些类似于《圣经》中的诺亚方舟；第三种是寻宝类，葫芦一般是储存宝藏的容器。

起源类故事以孟姜女最为典型。相传秦朝时，有一家姓孟的人家种了一棵葫芦，葫芦慢慢顺着墙爬到隔壁姜家，并结了个硕大的葫芦。两家人决定将葫芦一分为二，用刀从中剖开，出来的却是一个可爱的小女孩，两家人遂决定取各自的姓氏，为女孩取名孟姜女。孟姜女在两家共同的抚养下长大成人。不久，一位相貌清秀的书生路过此地，并借宿几日，此书生名叫范喜良（也有版本叫万喜良）。没想到，他与孟姜女竟一见倾心，孟家与姜家便为二人成了婚。可惜婚后不久，范喜良便被秦始皇抓去修长城。孟姜女千里寻夫，赶到时却得知丈夫已身亡，孟姜女悲痛之下号哭不止，眼泪将刚修好的长城冲垮。也有一种说法，认为故事到这里并没有结束。孟姜女哭倒长城的奇事很快传到宫里，秦始皇也得知了此事，遂亲自前来。秦始皇一见孟姜女美貌绝伦，立刻起了色心，欲纳孟姜女入宫。孟姜女没有直接推辞，只提出几个条件，若秦始皇能够完成，她就嫁给秦始皇：其一，她要秦始皇为亡夫范喜良风光大葬；其二，请大师为亡夫超度，朝中大臣都要哭祭亡夫；其三，所有事情完成后三天，孟姜女才与秦始皇成婚。没想到秦始皇竟一一答应下来，并完全按照孟姜女的条件来办。待到成婚那日，孟姜女在海边痛骂秦始皇残暴不仁，说完就跳海自尽了。她的尸体后来化为一座巨大礁石，后人将这座礁石称为“姜女石”。

整个故事充满了夸张手法和浪漫主义的想象，孟姜女绝

葫芦雕刻作品（寺儿堡镇人民政府供图）

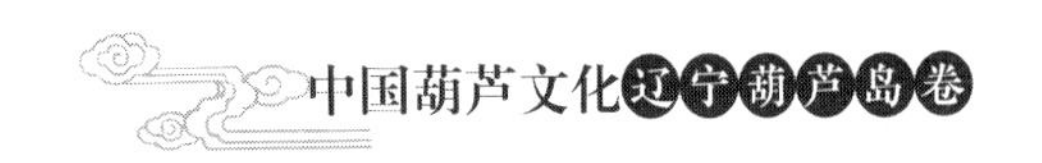

不是普通的女子，别人都是怀胎十月呱呱坠地，只有她来自一个葫芦，所以后来她用泪水冲垮长城也就不足为奇了。

葫芦个大而多籽，繁殖能力极强，人们将葫芦作为孕育人类的母体并不是随意的，类似的民间传说还有很多，如云南拉祜族史诗《牡帕密帕》。全诗共 17 个篇章，2300 行，内容叙述造天地日月、造万物和人类以及人类初始阶段的生存状况等，具体内容包括：远古时期，宇宙一片混沌，天地未分，天神厄莎先后创造了天地万物和扎笛、娜笛兄妹；兄妹二人在荒凉的大地上过着采集、狩猎生活，后来结为夫妇，其子女遂分别繁衍为拉祜、佤、哈尼、傣、布朗、彝、汉等民族；拉祜族从狩猎采集生活逐步发展到农耕生活等诸多故事。尤其值得注意的是，厄莎用自己的汗泥、眼睛、骨头创造了天地和日月，又播种葫芦籽，葫芦籽结出了葫芦，葫芦被老鼠咬开，第一代人类扎笛和娜笛从葫芦中走出。在这个故事中，造物造人的虽是天神厄莎，但孕育人类的母体却是葫芦，葫芦对拉祜族的重要意义不言而喻。

逃生类故事以傈僳族民歌《创世纪》最为典型。相传远古时代，天地未开，一片混沌，人们连走路都得低着头。有人不满现状，咒骂天神，天神一怒之下，连降大雨，天地化作一片汪洋大海，人类死伤不计其数，只有一对兄妹乘着葫芦幸存下来。后来，洪水消退，天地也随之彻底分开，山川、湖泊、河流、森林逐渐显现，可留存下的人类只有这兄妹两人。为了人类重新繁衍，天神降下旨意，要兄妹二人结为夫妻。二人婚后生下五个孩子，这五个孩子分别代表汉、傈僳、彝、独龙、怒五个民族。这个故事中，兄妹二人得以逃生完全借助于葫芦，葫芦在故事中的功能与铁拐李乘坐的葫芦类似，都是避水工具。葫芦成熟后中空且形状圆润，浮力大，做舀具非常适宜，但大到可以做逃生工具的还比较罕见。只能说，我国古代人民的想象力真是既贴近生活，又奇幻大胆。

寻宝类故事以蒙古族民间故事《金鹰》为代表。有一年，草原连续大旱，河流干涸，嫩草枯萎，牛羊没有食物纷纷被饿死。一位母亲难以忍受现状，要求两个儿子出发去寻找草原的救星——金鹰。大儿子一心寻求富贵，不信金鹰之说，迟迟不愿动身；二儿子按母亲的话出发，历尽千难万险，终于找到金鹰。金鹰给了二儿子几样关键道具：葫芦种子、绿宝石、红宝石等。二儿子将葫芦种子撒向大地，葫芦种子立刻生根发芽，并结出无数葫芦。二儿子又将葫芦切开，里面走出一头奶牛、一只羊、一匹马。二儿子又分别将红绿宝石拿出来，结果红宝石变成了河流，绿宝石变成了青青嫩草。困苦多日的草原人民终于渡过了难关。这个故事中，葫芦中藏的不是人，而是拯救苍生的宝藏。这些宝藏既是对二儿子勇敢和智慧的嘉奖，也是对大儿子懒惰不上进的讽刺。

除了众多情节大胆、想象丰富的传说，民间还根据葫芦的日用特征发展出不少相关的民俗习惯，最常见的莫过于合卺礼。合卺礼是我国一项悠久的婚俗，即我们现在常说的“交杯酒”。

卺，指匏瓜，即苦葫芦。合卺，指的是将一个完整的葫芦剖为两半，仅在柄部穿上线绳作为连接，各盛酒于其间，新娘新郎各饮一卺。葫芦本为浑圆的一个整体，象征着夫妻二人同心同德；葫芦被剖为两半，代表夫妻二人来自不同家庭，虽注定是一个整体却不得不短暂分离；葫芦柄部穿着线绳，代表夫妇双方经由婚嫁最终还是有了难以分割的联系，从此夫妇同心，和睦相处。后来随着时代发展，合卺礼也变得越来越繁复，各地区人们也根据各自需要不断改进，但总的来说，合卺礼以夫妻交杯来祝福两人婚后生活和睦的初衷始终未变。

民间还有端午时节在门上悬挂葫芦的习俗。据说，当年吕洞宾化作一个卖油翁来到集市上卖油，摊位上明码标价，任由买主交钱后自取，时间久了，一些爱占小便宜的人就偷偷多取油。只有一位少年诚实守信，从不多取。吕洞宾甚为感动，于是告诉这位少年，五月初一将有大祸降临人间，将葫芦悬挂在自家门口便可躲过一劫。果然，不久，山洪暴

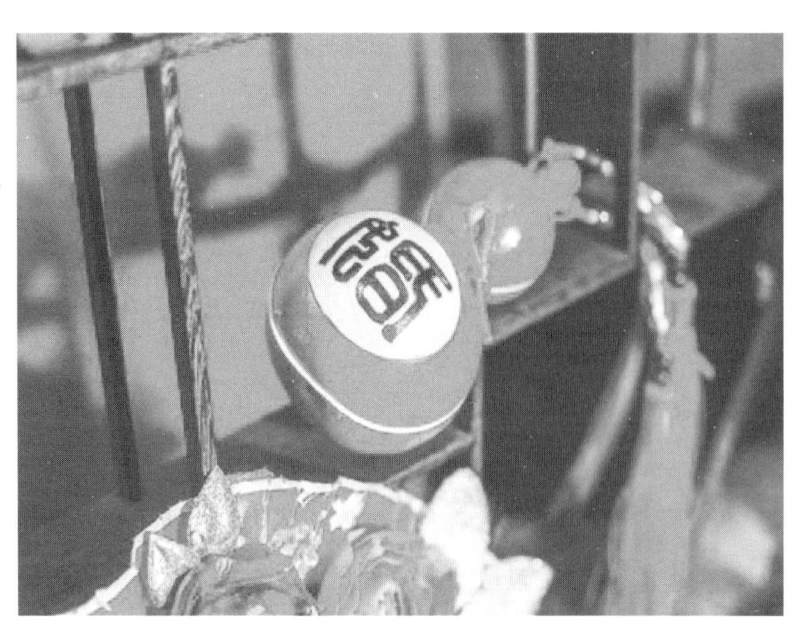

古代夫妻新婚共饮“合卺”酒（寺儿堡镇人民政府供图）

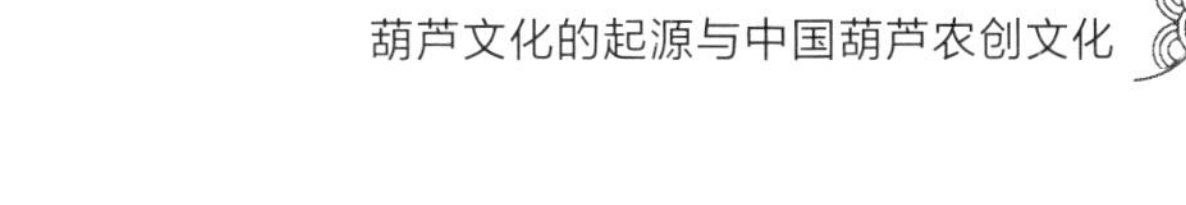

发，未挂葫芦的村民都被洪水卷走，村中只有少年一家躲过一劫。从此，端午挂葫芦的习俗也就流传开来。

也有另外一种说法，据说，当年药王爷下凡，看到人间毒虫肆虐，百姓遭受毒害，药王爷于心不忍，于是将自己装药的葫芦挂在了村口，毒虫很快退散。人们为了感谢药王爷的仁心，遂每年端午挂葫芦。

其实，仔细分析，挂葫芦的习俗还是和葫芦的日用功能息息相关：葫芦在民间被视为避水工具，因此悬挂葫芦可躲避山洪；葫芦常作为装药的容器，是而可驱散毒虫。人们对葫芦的浪漫想象其实一直没脱离生活实际，是接地气的民间创作。另外，葫芦谐音“福禄”，在自家门上悬挂葫芦，和过年贴“福”字一样，都代表了一种美好的人生希望。

交通要道的葫芦标志（寺儿堡镇人民政府供图）

第四节　浅谈中国葫芦农创文化

无论是和葫芦相关的文学作品，还是民俗习惯，人们或是为了消闲解闷，或是纯粹抒发内心的喜悦与赞美，或是寄托对人生美好的期盼。葫芦甚少被当作一种文化对象而获得重视，更缺少与之相关联的文化产品。虽然明清以来，葫芦工艺愈发精细化，宫廷中出现了大量的葫芦工艺品，但不得不说，由于时代的局限，当时的葫芦工艺仍停留在单纯的手工艺的层面，工匠们掌握何种工艺区别并不大，最终均是为皇家服务，不为平民所知。

葫芦不仅是一种农作物，而且是一种宝贵的文化资源。几千年来，葫芦持续不断地滋养着神州大地上的芸芸众生，以其自身诸多效用塑造着勤劳善良的国民品格。人们也“投之以桃，报之以李”，以智慧浇灌葫芦文化，使其开出美丽的花朵。新时代背景下，我们所要做的，一方面是将零散的葫芦文化收集起来，另一方面还要打造与之相关的文化产品，让葫芦“自力更生”，以文化产品的形式继续活跃在人们的生活中。

中国葫芦农创文化，指的是以葫芦农业种植为基点，打造相关农业产品，推动葫芦文化发展的产业现象。具体来说，中国葫芦农创文化包括工艺、种植、观赏、膳食、科普、文创、文旅等领域，如葫芦宴、葫芦文创、葫芦民宿等。

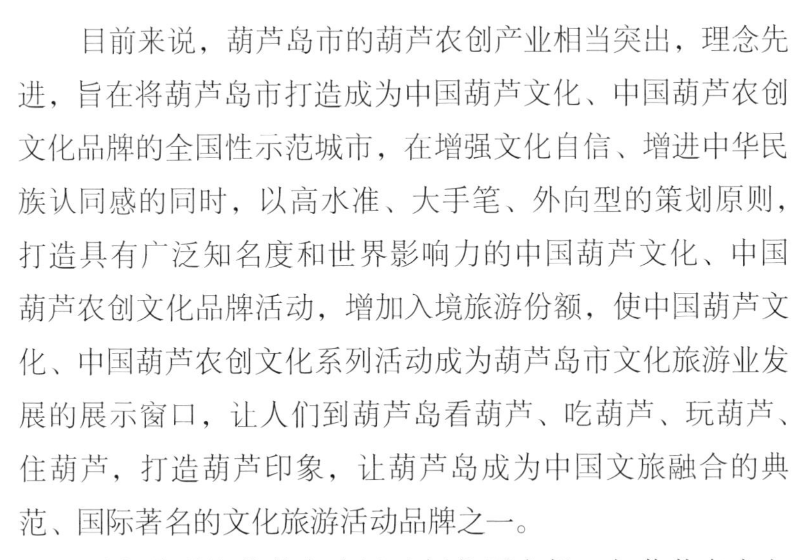

目前来说，葫芦岛市的葫芦农创产业相当突出，理念先进，旨在将葫芦岛市打造成为中国葫芦文化、中国葫芦农创文化品牌的全国性示范城市，在增强文化自信、增进中华民族认同感的同时，以高水准、大手笔、外向型的策划原则，打造具有广泛知名度和世界影响力的中国葫芦文化、中国葫芦农创文化品牌活动，增加入境旅游份额，使中国葫芦文化、中国葫芦农创文化系列活动成为葫芦岛市文化旅游业发展的展示窗口，让人们到葫芦岛看葫芦、吃葫芦、玩葫芦、住葫芦，打造葫芦印象，让葫芦岛成为中国文旅融合的典范、国际著名的文化旅游活动品牌之一。

不少聪明的葫芦岛人迅速抓住了商机，如葫芦岛市九江酒业公司推出了一款“快乐葫娃”酒（又叫快乐福娃酒），酒瓶是五个不同颜色的葫芦，分别代表金、木、水、火、土五行，人们也亲切地将五种不同颜色的酒称为金娃、木娃、水娃、火娃、土娃。瓶身上绘制的娃娃，或是在骑木马，或是在敲锣，或是在打冰猴（陀螺）……一举一动，均是传统娱乐项目。人们在品味美酒时，脑海中也充盈着童年美好的回忆。

除了“快乐葫娃”酒，在葫芦岛，酒瓶做成葫芦的样子是很常见的。一方面，葫芦在古代就是人们常用来装酒的器具，虽然随着时代发展，装酒的器皿有了更多更优的选择，但将器皿做成葫芦状，始终保持着一份古色古香，为生活在繁华都市中的人们保留了一份情怀。另一方面，葫芦是葫芦岛的特色，葫芦岛在地图上状似葫芦，也盛产葫芦，葫芦是葫芦岛人的文化图腾，将酒瓶做成葫芦状，既是创新，也是对葫芦岛特色文化的体认。

快乐福娃酒（寺儿堡镇人民政府供图）

各种精美的葫芦酒（唐磊　摄）

各种精美的葫芦酒（唐磊　摄）

第二章 葫芦岛的区域文化分析

葫芦岛是中国唯一以葫芦命名的城市，更是充满文化底蕴和文化张力的现代化城市。从命名历史上来说，1994年锦西市更名为葫芦岛市，是一个年轻的地级市，但从地域历史上来说，葫芦岛却是一座古老的城市。它历经近3000年的历史风尘，经历了无数次腥风血雨。这些还仅仅是从有书面记载的历史谈起，若从考古发现而言，早在7000多年以前，葫芦岛上就有先民生存活动的痕迹，出土的文物和骸骨可将此地文明追溯到新石器晚期。

葫芦岛位于辽西走廊，是镶嵌在辽西走廊上一颗璀璨的明珠。辽西良好的气候环境养育了众多辽西人，辽西人也在此创造了恢宏的历史和熠熠生辉的文化。简单来说，在辽代以前，葫芦岛所在的辽西地区虽然归属中央政府管辖，也有不少历史人物活动的记载，但相较于中原腹地，辽西的人烟较为稀少，人们对辽西的了解较少。直到燕云十六州被划入辽国版图，辽西地区完全属于辽国，辽西地区才得以开发，

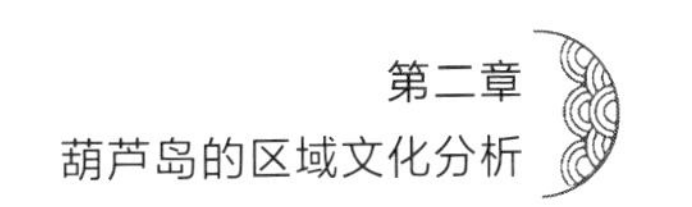

逐渐有了手工业和城市。

连山区是葫芦岛市的发祥地，同时，连山区的寺儿堡镇，又堪称葫芦岛市近郊的世外桃源，山清水美，不仅适宜人居，也是葫芦种植及育种的核心区。

有意思的是，寺儿堡镇在地图上的形状类似葫芦。在经济高速发展的今天，寺儿堡地区还创造性地以葫芦种植为起点，发展出诸多衍生产品，创建了中国葫芦农创文化的典范。

今日的连山区寺儿堡镇，既是中国葫芦农创文化的起源地，也是现代农业发展的典范之一。在实施乡村振兴战略的过程中，寺儿堡、连山区乃至葫芦岛市人民，聆听历史的声音，寻找文化的脉络，注重强化农村原生态文化的建设与传承，同时开拓创新，以前所未有的创造力改变着一切。

第一节　葫芦岛的自然之美

侏罗纪到白垩纪时期，中国所在的板块发生了广泛的地壳运动，许多原本平整的土地因为受到不断挤压，逐渐隆起，形成皱褶，最终成为绵延不绝的山峰，北京附近的燕山即为典型代表，地质学家也因此把这个时期的地壳运动总称为“燕山运动”。

燕山运动是个缓慢的过程，中国大地的基本地貌在燕山运动中逐渐清晰，原本沉睡的土地被唤醒，许多已经形成的山川峻岭被不断抬升，甚至一些地壳运动直到今日也未停

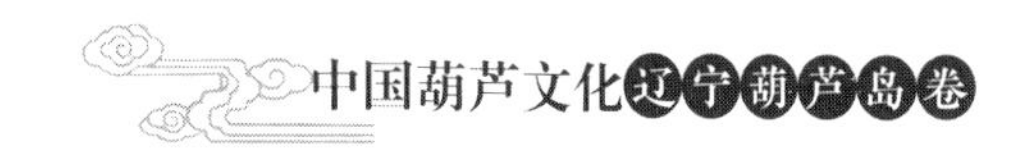

歇。葫芦岛也在燕山运动中奠定了其基本轮廓。

在山海关外，西部是丘陵起伏、岩体广布的松燕山脉，而在东部的渤海沿岸，是一条呈西南—东北走向的狭长平原，因其地形和所处位置，古称为“榆关走廊”，现多称为“辽西走廊”。

过去，人们都以为山海关最为险要，以为出了山海关便可纵马驰骋，诸般景色一览无余，却不知晓出了关依然山体密布、地势崎岖，唯独在渤海岸有一段狭长的平地可供通行，这段平地便是辽西走廊，辽西走廊位置的重要性也就不言而喻。

据人们口耳相传，辽西走廊本是海水退潮地，或简称为“傍海地”。在冷兵器时代，占据辽西走廊，犹如扼住人的咽喉，因此，它历来就是兵家必争之地。而在辽西走廊上，还镶嵌着一颗耀眼的明珠——葫芦岛。

早在亿万年前，大自然的鬼斧神工就将辽西走廊上的这颗明珠基本雕刻成了如今的模样，而这个模样就是：伸向渤海辽东湾内，头小尾大，中部稍狭，状如葫芦。葫芦岛便因此而得名。

葫芦岛市有着得天独厚的区位资源。它南临浩瀚的渤海，北枕逶迤的松燕山脉，东连东北，西接华北，是关内人挺进东北、东北人南下中原的咽喉要道。

葫芦岛市肩挑京津唐和辽宁中部城市群，处于辽东半岛开放前沿，是辽西外向型经济带的关键部位，是环渤海经济圈的重要环节，同时又为东北亚经济区所涵容。

葫芦岛市东与锦州市相连，西与秦皇岛市毗邻，北与朝阳市接壤，南临渤海湾，与青岛、大连、秦皇岛、营口等重要沿海城市共同为环渤海经济圈的发展贡献力量。

这里集“黄金海岸”与“黄金大道”于一体，海、陆、空运和地下输送管道兼备，初步构成了立体交通网络。特别值得一提的是海运，葫芦岛有夏无飓风、冬不封航的天然深水港——葫芦岛港。

1908 年 9 月，东三省总督徐世昌聘英国工程师休斯勘测葫芦岛，发现了天然良港。

1910 年春，开始修筑葫芦岛商港，后因辛亥革命爆发，葫芦岛商港暂时停建。这是葫芦岛商港首次开工。

1919 年，奉天督军兼省长张作霖第二次督修葫芦岛港，然而由于经费短缺，只能再次停建。

1929 年，事隔 10 年，东北边防司令张学良视察葫芦岛，决心推进葫芦岛港口的开发。1930 年 7 月 2 日，张学良主持第三次葫芦岛港开工典礼。此次开工甚为振奋人心，当时不少媒体甚至称此次开发建港是“中国复兴之曙光”。可惜开工后仅一年，九一八事变爆发，日本占领东北三省，葫芦岛随之也被纳入日军管辖范围。

日本投降后，葫芦岛港成为国民党政府在东北的唯一港口，但因缺乏建设养护，葫芦岛港起到的作用并不大，葫芦岛一地也未得到重视。

中华人民共和国成立后，葫芦岛港成为中国重要的军用港口，造船业在此蓬勃发展，且于 1999 年开始正式对外开放，成为国家一类口岸，但限于国轮外运。2010 年 11 月，葫芦岛港口全面对外开放，成为国家 36 个沿海开放城市的“大家庭”中的一员。

葫芦岛市濒临渤海，风光秀丽，是著名的旅游城市，成功入选中国优秀旅游城市和中国特色魅力城市的名单。每年有数以万计的游客前往葫芦岛观光游玩，为葫芦岛带来不菲的旅游收入。

除了优质的海滨浴场，值得一提的还有葫芦岛的姜女石。姜女，即孟姜女，所谓姜女石，又称姜女坟，传说是当年孟姜女哭倒长城后，投海自尽的地方。因孟姜女出身不凡，且刚烈忠贞，所以身体化作了海里的礁石。每逢落大潮，从岸边到礁石会隐约现出一条巨石铺就的海中栈道，可直达礁石脚下。在姜女坟的东西两侧海岸，各有一道峭壁伸向海面，东侧叫红石砬子，西侧叫黑石砬子（又称黑山头），像两条巨龙静卧在海中，构成似“二龙戏珠”（海中礁石）的独特景观。

也有人将此礁石称为碣石，据说当年秦始皇就是在此处求仙入海，曹操《观沧海》“东临碣石，以观沧海”中的“碣石”指的也是这块礁石。近年来，据考古发现，红石砬子、黑石砬子和碣石正对的石碑地都发现了秦汉时期巨大的行宫遗址，出土了不少珍贵文物，对于秦汉时期的文化研究具有重要意义。

农家田间地头栽种的葫芦（寺儿堡镇人民政府供图）

第二节　葫芦岛的人文之美

虽然葫芦岛市命名历史不久，但其管辖范围内有着悠久的历史文化。

从市境发掘的文物、遗址、遗物证实，远在数万年前就有人类在这里劳动、繁衍、生息。1921 年 6 月瑞典地质学家安特生博士对域内南票区沙锅屯二里媳妇山东坡天然洞穴中发掘的人骨、石器、骨器、彩陶片鉴别，认为遗物为距今 7000 年以前、新石器晚期的人类遗物，其中红胎黑彩陶皿与河南仰韶村出土的彩陶属于同一种文化类型，而长颈瓶陶片又与甘肃出土的同类同期文物相同。绥中县绥中镇龙王山和连山区寺儿堡镇北出土的古墓等，都证明葫芦岛市内文物属"红山文化"，是古代北方文化南下辽西的一种文化类型，是古代人群部落沿北向南延伸的一部分。

从有历史纪年（公元前 840）起，葫芦岛经历了风云变幻的近 3000 年历史。

葫芦岛所辖地区在春秋时期属燕国领地，山戎部族在此居住。战国后期，燕国打败山戎部族，在北方设置五郡，今绥中、兴城等地属辽西郡，建昌西北属右北平郡。

秦统一后，废分封制，立郡县制，绥中、兴城、连山等地属辽西郡。西汉时期，仍保留郡县制。

东汉时期，汉安帝永初元年（107），设立辽东属国，域内大部分地区属辽东属国的昌辽县（今河北昌黎）和徒河县

（今辽宁锦州），建昌一带被乌桓人占据。在白狼山之战后，乌桓败亡，曹操在此处设置昌黎郡。

三国两晋及南北朝时期，大部分地区属昌黎郡。隋朝初期，实行州县两级制，后实行郡县制，大部分地区属柳城郡柳城县（今辽宁朝阳）。

真正揭开葫芦岛傍海通道神秘面纱的是契丹人。辽金之前，古人虽对辽西走廊有所涉足，但并未真正穿过辽西走廊，因此对葫芦岛的具体情况不甚了解。直到契丹人建立辽国，石敬瑭为了借辽国之力攻打后唐，遂以割让燕云十六州为条件借兵。不久，辽太宗耶律德光亲率大军南下，助石敬瑭建立后晋，但自此燕云十六州被划入辽国版图，辽西遂完全成为辽国属地。为了对辽西地区进行开发，契丹人将大批汉人俘虏安置在辽西地区。汉人到此之后，勤劳耕作，开垦了大量荒地，积极发展手工业，不少原本罕有人迹的地方有了人烟，一些手工业发展较好的地区甚至建立了城池。

第一个用脚丈量葫芦岛的人是后晋亡国之君——晋出帝石重贵。公元942年，石重贵登基，却不肯向辽俯首称臣，辽便借机兴兵南下，不久，后晋灭亡，辽兵押解着晋出帝石重贵，将他流放到东北，走的就是辽西走廊。关于晋出帝北上路线，《旧五代史·少帝纪》有详细记载："癸卯，帝与皇太后李氏俱北行，过蓟州、平州至榆关沙塞之地，又行七八日至锦州，又行数十程，渡辽水至黄龙府，即契丹所命安置之地。"晋出帝与皇太后走的这条路线，从山西出发，经过北京，穿过辽西走廊到达锦州，途中必定经过葫芦岛，虽然葫芦岛这一地名在此时并未出现。葫芦岛曲曲折折的海岸线，如同他们的人生一般曲折坎坷。

利用葫芦岛傍海通道的第一个最大受益者是金国。宋建立以后，金国与宋隔辽相望，后来，金与宋协议灭辽，辽国遂在各重要关口设卡以阻断金宋往来。金宋二国不得已之下，只得改走在当时不被重视的辽西走廊，互通有无，金国把握机会，不久出兵灭辽。讽刺的是，宋联金伐辽成功后，金转而将矛头对准宋。当金攻陷汴京，北宋灭亡，金人将宋徽宗、宋钦宗及官僚贵族3000余人押解到五国城（今黑龙江依兰），走的就是辽西走廊，而这次穿行，是由连山人李三锡配合金太祖六子完颜宗隽来完成的。

1129年，南宋派使者洪皓赴金国都城，在他写的《松漠纪闻》中，辽西走廊已出现“铺”的名称。这就表明国家对道路管理已摆脱自然使用，进入了有组织、有投资的建设过程。1184年，金世祖完颜雍从燕京回到会宁府，辽西走廊各州县动员大批民夫治桥梁、修驿道，路况大为改善。

辽西走廊完善于明清时期。明洪武二十年（1387），朱元璋命京师左军都督府，从山海关至辽阳设置了14处马驿。其中的一处马驿，设在了山山相连的辽西走廊滨海道上，取名为连山驿站。驿站的设置，意味着辽西走廊已经成为名副其实的交通要道，也大大地促进了人口向当地流动和其经济发展。

清光绪三十二年（1906）7月，为了谋得长治久安，清政府将锦县西部地区划出，在江家屯设置抚民厅。同年9月，因抚民厅位于锦县之西，被改称为锦西厅。清光绪三十四年（1908），干河沟、塔山、高桥、葫芦岛等地又从锦县划归锦西厅。

1985 年 4 月 1 日，经国务院批准，锦西县变为锦西市（县级），仍隶属于锦州市管辖。

1989 年 6 月 12 日，经国务院批准，锦西市升格为地级市，直接归辽宁省领导，下辖一市、二县、三区。

1994 年 9 月，在锦西升格为地级市的第五个年头，经国务院批准，锦西市更名为葫芦岛市。

葫芦岛市既以葫芦岛为名，在发掘、发展葫芦文化方面具有得天独厚的地理、地名及人文环境优势。葫芦岛市人民也十分珍惜这些优势，通过多年的努力，初步形成集葫芦种植、葫芦文创产品制作与研发、葫芦技艺传承于一体的经营模式。

中华人民共和国国务院

国函〔1994〕97 号

国务院关于同意辽宁省锦西市
更名为葫芦岛市的批复

辽宁省人民政府：

你省《关于将锦西市更名为葫芦岛市的请示》（辽政〔1994〕73 号）及有关的补充报告收悉。同意锦西市更名为葫芦岛市，葫芦岛区更名为龙港区，葫芦岛市人民政府驻龙港区龙湾大街。

一九九四年九月二十日

国函〔1994〕97 号文件

（寺儿堡镇人民政府供图）

辽宁省人民政府

关于同意将锦西市更名为葫芦岛市的批复

建设厅、民政厅、公安厅、财政厅、农业厅、统计局、测绘局、地名办。

辽政〔1994〕164 号文件

（寺儿堡镇人民政府供图）

葫芦岛海滨的葫芦建筑（寺儿堡镇人民政府供图）

第三节 中国葫芦农创文化起源地的历史要素

葫芦岛市是全国唯一以葫芦命名的城市，而连山区是葫芦岛市的发祥地。当地有着悠久的葫芦种植历史，其深厚的历史文化积淀也为中国葫芦农创文化的起源和发展奠定了良好的人文基础。

葫芦岛市连山区，是1989年6月12日国务院批准原锦西市升为地级市后在原县级市的基础上设立的市辖区。1992年，辽宁省人民政府批准连山区按县级体制管理。连山区位于美丽富饶的渤海湾畔，坐落在物产丰富的辽西走廊。东靠锦州经济开发区，南临渤海辽东湾，北与朝阳市接壤，西与绥中县、河北秦皇岛市相望。连山区毗连葫芦岛港、锦州港，距锦州机场40千米，国道102线、京哈铁路、京沈高速公路、京沈高速铁路客运专线穿境而过，交通十分便利。

连山区历史悠久，早在数万年前就有人类在此繁衍生息，有文字记载的历史已达2800余年。

连山区，禹、夏时期，属幽州地；商周时期，属孤竹国地；春秋时期，属燕国地；战国至秦时期，属辽西郡阳乐；西汉时期，属徒河孤苏县；东汉时期，属徒河县；三国时期，属魏置昌黎郡乌桓地；两晋时期，属昌黎郡徒河县；南北朝时期，属昌黎郡广兴县。隋朝时期，属柳城郡柳城县；唐朝时期实行道、州、县三级制，属河北道营州泸河县；辽时期，属中京道榆州永和县；金时期，属北京路安昌县；元时期，属辽阳行省大宁路锦州。

在连山区多个地点，均发现了隋唐时期的石臼、铜钱等，并流传着唐太宗李世民和大将薛仁贵东征的故事。且在连山区寺儿堡镇的前、后峪村，古称为前、后千家峪，居民相传为岳飞的后人，两个村的村民直到现在还大部分为岳姓，而且有意思的是，岳氏族人还代代传承着多种与葫芦有关的习惯和习俗。

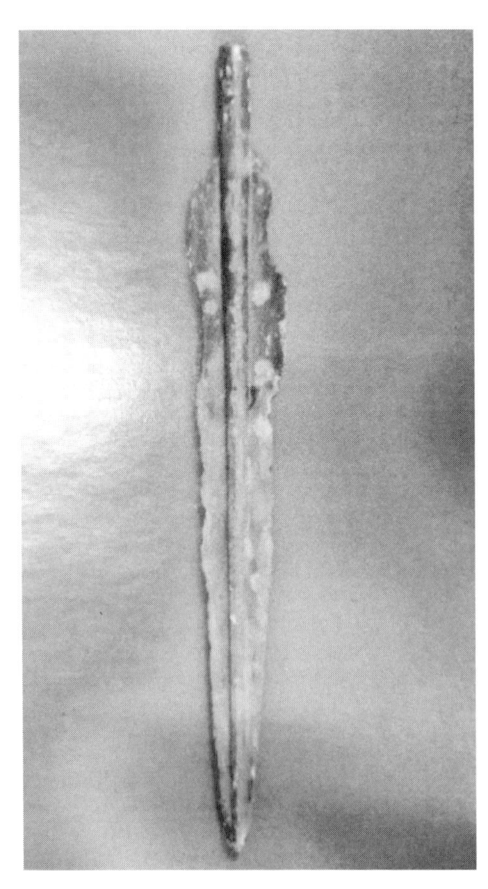

春秋时期青铜剑（寺儿堡镇人民政府供图）

北城地汉代遗址碑（寺儿堡镇人民政府供图）

第四节　中国葫芦农创文化起源地的地理要素

连山区寺儿堡镇，被称为葫芦岛市近郊的世外桃源，山清水美，不仅适宜人居，也是葫芦种植及育种的核心区。中国葫芦农创文化能在此生根发展，是有着得天独厚的地理条件的。

据了解，目前寺儿堡镇的葫芦种植面积已达到200多亩，并大力开发葫芦试验田，试种葫芦新品种，开发葫芦衍生产品，发展葫芦农创产业。连山区寺儿堡镇葫芦农创产业的发展，对于葫芦岛市实施乡村振兴战略具有重要意义，对新时期中国农村经济的发展具有重要的借鉴价值。

位于葫芦岛市连山区中部的寺儿堡镇，距离老城区11千米，东北与葫芦岛市连山区沙河营乡接壤，东南与葫芦岛市连山区锦郊街道一衣带水，西北连接葫芦岛市的重镇钢屯镇，南界与兴城市元台子满族乡毗邻。寺儿堡镇现地域面积为114平方千米。

寺儿堡镇地处青山绿水环抱之中，既有人文风物之美，又有高山流水之韵，是一处不可多得的葫芦形宝地，拥有着得天独厚的自然资源和人文景观。

歪桃山，海拔五百多米，占地五十多平方千米，是寺儿堡镇的最高峰。歪桃山面积大，植被茂密，物种丰富，山上不仅有鹰沟大峡谷，还有千年古矿和千年古枫树，更有辽金军队遗址等人文景观。

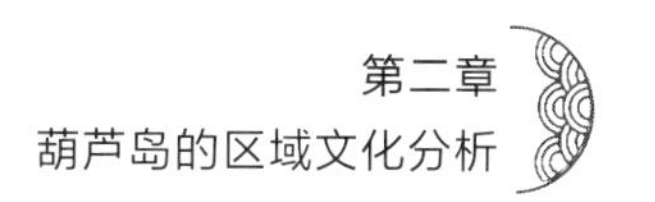

乌云山，海拔四百多米，为寺儿堡镇第二高峰，传说是清太祖努尔哈赤所命名。

在青石岭脚下，多处清泉汩汩如注，泛着浪花日夜流淌，发源于寺儿堡镇后峪村青石岭的清水河，沿途汇集了西蜂蜜沟河、寺儿堡东河、前瓦庙子南河等支流，一路清水浅唱，蜿蜒向前，再经葫芦岛市区，注入渤海辽东湾。沿河修建了多个塘坝、堤坝、水库，集蓄水、养殖、垂钓、休闲、灌溉为一体，是难得的休闲旅游胜地。

同整个葫芦岛地区一样，早在亿万年前，连山区寺儿堡镇的地貌特征就基本成形，而大自然的刻刀，将如今的连山区寺儿堡镇雕刻成相对独立的两部分：一部分为西部，地势较高，为丘陵区，海拔高度 50—200 米；另一部分为东南部，地势较低，为平原，海拔高度在 50 米以下。另外，将寺儿堡分隔成两部分的是一个特点鲜明的中部区域，由于这中部区域或分隔，或串联，或过渡，整个寺儿堡镇就被有机地结合在一起了。

其实，说白了，整个连山区寺儿堡镇的地形地貌，也宛如一个自然天成的巨大葫芦。

西部为葫芦底。在西部的丘陵区域内，西、南、北三面的山脉，将此区域围成了一个葫芦肚。西面的一道青石大岭类似于葫芦底座，而南面的歪桃山脉、蜂蜜沟的群山和北面千家峪山脉，恰到好处地将此区域包围成一个相对独立的空间，如此还形成有别于周边其他地区大陆性气候的一个小气候区域。在这个区域内，如今有寺儿堡镇的西蜂蜜沟村、南蜂蜜沟村、前峪村、后峪村。

东部是葫芦口。寺儿堡镇东部的平原区域由河流的冲积

清水河（寺儿堡镇人民政府供图）

而成，此河由多条支流汇集而成，由于其蜿蜒五里地有余，东部地区的村民称此河为五里河，其自西向东贯穿寺儿堡全境，因此也被当地人视为寺儿堡的母亲河。

东部虽然是平原区域，整体海拔偏低，但周边山脉不少：北有天台山、西大岭、魏家岭、尖山子，南有东西走向的龙山、横岭山等。南北山脉起起伏伏，将五里河的冲积平原包围成一个独立的空间。

在东部，如今有寺儿堡镇的寺北村、寺前村、前瓦庙子村、营盘村、尖山子村、新地号村。其中，营盘村和新地号村的东部微微张开，中间的尖山子村的东部相对凹陷，就如同是在葫芦上挖开的一个盖口，而五里河正是从这盖口中时急时缓地流出。

中部是葫芦腰。在中部的过渡区域内，最高峰为海拔

405.9 米的乌云山脉，在寺儿堡镇境内从南向西面、北面、东面三个方向蔓延，尤其是向北延伸的部分宛若一道屏障，全长约 4 千米，几乎达到中部地带的一半左右。而北面的卧龙山，西面的黄土岭、虎头山等与乌云山相对而卧，形成夹击之势，这样，发源于葫芦底部的山水汇聚而成的河流别无选择，就只能先在此区域汇合，然后再顺着狭长的地段，向东奔流而去。

如果说，葫芦是葫芦岛人民的一种文化图腾，那么可以说，寺儿堡镇乃至连山区人民，已经把葫芦文化融入了血液之中。

关于寺儿堡奇特的地理样貌，当地还流传着一个动人的故事。数千年以前，天地初开，凡间一些刁民对天地不敬，屡屡口出狂言，也不行拜祭之事。为此，玉帝大为震怒，遂

五里河（寺儿堡镇人民政府供图）

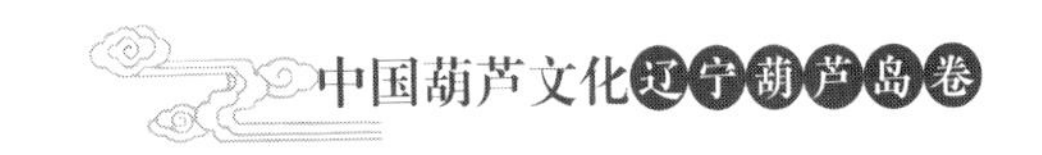

下令降下灾祸，将凡世彻底毁灭。然而，奉旨降祸的几位神仙却有自己的想法：虽然尘世有刁民存在，但也有虔诚拜神的无辜凡人，若毁灭凡世，不少无辜百姓会受到牵连，实在是作孽。然而，玉帝的旨意没有人能违抗，这几位神仙也怕祸及自身，只好先答应下来，过后再想办法。

于是，几个神仙聚在一起，商量出一个折中的办法：照玉帝旨意降下灾祸，但留一对童男童女活下来，使人间不至彻底没有生存的希望。他们找到的这对童男童女就是伏羲和女娲，并给他们一些葫芦籽，叮嘱他们回去种出葫芦，到时把葫芦剖开躲进去避祸。

伏羲和女娲随手将一粒葫芦籽种下来，这葫芦籽却与寻常植物不同，一碰到土壤立刻生根发芽，几个时辰就结出比人还大的果实。二人刚将果实摘下，顿时风雨大作，雷鸣电

老边村卧龙山（寺儿堡镇人民政府供图）

老边村虎头山（寺儿堡镇人民政府供图）

闪。两个孩子害怕极了，来不及跑去通知其他人，只能将葫芦从头部剖开，依次钻了进去，盖上盖子，任凭风雨袭来，也绝不出去。

暴雨连续下了九天九夜，天地一片汪洋，由于灾祸来得太突然，人们未做任何准备，因此要么被洪水淹死，要么挂在高处活活饿死，几天之内，人间已成地狱。只有伏羲、女娲二人躲在葫芦里，顺着洪流漂荡，饿了就吃瓜瓤，不仅生津解渴，二人还因此有了神力。

后来，雨渐渐停了，洪水也慢慢消退了，伏羲、女娲打开葫芦盖子，从葫芦里走出来，发现很多原本是陆地的地方已经成了海洋，很多原本人烟稠密的村庄成了废墟，寸草不生，山林间的小动物也都被淹死，天地间一片寂静，没有半分生气。

寺儿堡石碑（寺儿堡镇人民政府供图）

吃了葫芦的伏羲、女娲早已不是肉眼凡胎，而是有着造物本领的人类始祖。二人随手拿起脚下的泥便开始捏泥造人，把剩下的葫芦籽抛向远方大地。落了葫芦籽的土地立刻草木葱茏，生机勃发，不久，一些野兔、松鼠又在林间蹦来蹦去。其中一颗葫芦籽落在了寺儿堡，便有了寺儿堡类似葫芦的地貌。

在我国古代传说中，伏羲、女娲一直被视为人类的始祖。民间也有一种说法，认为伏羲、女娲也是葫芦的化身。

第五节　中国葫芦文化重要起源地研究课题

目前在寺儿堡镇种植葫芦的 200 多亩土地中，种植面积最大的是老边村，有 60 亩之多，其余的如前峪村和后峪村，也分别有 30 亩，最少的营盘村也有近 8 亩地种植葫芦。

寺儿堡镇水好气候佳，非常适宜葫芦的种植和生长，是天然的葫芦产区。但寺儿堡人并不满足于这一点，在本地开辟了不少葫芦试验田，大胆尝试新的葫芦品种和新的种植方法，勇于创新，反复实验，为葫芦种植作出了杰出的贡献。

葫芦可以作为吃食和日用品早已不是什么新鲜事，寺儿堡人则在此基础之上，努力将葫芦与乡村产业振兴结合起来。

除了向市场提供更多品种和更优质的葫芦，寺儿堡人还开发了不少与葫芦农业种植相关的文化创意产品，借此拉动农村经济增长。人们不仅可以吃葫芦、用葫芦，还可以赏葫芦、玩葫芦、住葫芦，以葫芦宴、葫芦工艺品、葫芦民宿等为代表的农创产业为农村经济发展注入新的动能和活力。

寺儿堡人将本地以葫芦为核心的农业创意产业文化精辟地概括为“中国葫芦农创文化”，而连山区寺儿堡镇自然是中国葫芦农创文化的起源地。

中国葫芦文化和中国葫芦农创文化作为一项重要课题，经历了从课题申报到调研研讨、论证、梳理等一系列工作，中国起源地智库专家也在一系列调查研究中取得了丰硕的成果，下文将具体过程介绍如下。

一、课题申报

为做好中国葫芦文化、中国葫芦农创文化，提升葫芦岛市连山区寺儿堡镇文化感染力、软实力和中国葫芦文化品牌

葫芦试验田（寺儿堡镇人民政府供图）

的影响力，将寺儿堡镇打造成为中国葫芦文化、中国葫芦农创文化品牌的全国性示范，寺儿堡镇人民政府向起源地文化传播中心申报了2019年中国葫芦文化起源地研究课题项目。

为传承弘扬中华优秀传统文化，挖掘整理寺儿堡镇民俗文化、民间文化和地域文化根脉，充分运用"起源地文化"资源，彰显寺儿堡镇历史文化重镇的厚重感和开放活泼的现代感以及开拓创新的创造感，2019年10月，起源地文化传播中心组织中国起源地智库专家根据《中国葫芦文化起源地研究课题申报书》，召开了中国葫芦文化、中国葫芦农创文化起源地研究课题座谈会，确定立题。

2019年10月27日，中国葫芦文化、中国葫芦农创文化起源地研究课题开题研讨会在葫芦岛市连山区人民代表大会常务委员会会议室举办。

中国文联民间文艺艺术中心副主任、中国起源地智库专家委员会主任刘德伟，中国艺术产业研究院执行院长、上海大学教授、中国起源地智库专家罗宏才，中国民协中国起源地文化研究中心执行主任、起源地文化传播中心主任、起源地城市规划设计院院长李竞生，中国民协中国葫芦文化专业委员会主任、中国起源地智库专家赵伟，中国民协中国起源地文化研究中心副主任、中国民协中国建筑与园林艺术委员会副会长兼秘书长、中国文物保护基金会罗哲文基金管理委员会副主任兼秘书长曲云华，国家非物质文化遗产盛京满绣传承人、中国起源地智库专家委员杨晓桐，中共葫芦岛市委常委、宣传部部长冬梅，中共连山区委书记刘永熙，葫芦岛市文化旅游和广播电视局局长杨丽芳，中共连山区委副书记高翔，中共连山区委常委、宣

寺儿堡镇时任党委书记田哲源一行在起源地文化传播中心商讨接洽（唐磊　摄）

寺儿堡镇时任党委书记田哲源一行在起源地文化传播中心商讨接洽（唐磊　摄）

传部部长岳敏杰，连山区人民政府副区长沈玉敏，连山区文联主席叶泽石，连山区寺儿堡镇时任党委书记田哲源，连山区寺儿堡镇人民政府时任镇长时光（现为寺儿堡镇党委书记），辽宁公安司法干部管理干部学院驻寺儿堡镇老边村第一书记高琳琳，连山区政协文教卫体委主任刘素平，连山区寺儿堡镇老边村书记王忠生等就中国葫芦文化、中国葫芦农创文化起源地研究课题项目展开深入研讨。

研讨会议程由中国葫芦文化、中国葫芦农创文化起源地研究课题项目申报陈述、中国起源地智库专家提问并对课题项目发表观点和意见、填写并签署专家意见表等环节组成。

经过近三个小时的交流研讨，中国起源地智库专家对连山区寺儿堡镇的情况有了更深入的了解，并一致认为连山区寺儿堡镇的中国葫芦农创文化别具特色，不仅对发扬我国传统的葫芦文化大有裨益，对新时期农村产业发展也具有重要借鉴意义，共同期待连山区寺儿堡镇中国葫芦文化、中国葫芦农创文化起源地研究课题项目的深入研究和取得丰硕成果。

二、田野调查

为深入挖掘连山区寺儿堡镇葫芦文化、葫芦农创文化、民间文化等，起源地文化传播中心多次组织中国起源地智库专家赴葫芦岛市连山区寺儿堡镇进行实地调研，希望通过实地调研，一方面掌握寺儿堡镇经济、社会、文化、教育发展情况和相关资料，更好地开展中国葫芦文化、中国葫芦农创文化起源地研究课题工作。另一方面是针对具体问题，分析寺儿堡镇文化发展的亮点与经济增长点，专家纷纷结合自身研究方向和寺儿堡镇实际情况及国内外发展经验给出发展建议，为寺儿堡镇经济、社会、文化、教育发展贡献力量。

三、研讨论证

2019年11月30日，中国葫芦文化重要起源地、中国葫芦农创文化起源地课题启动暨研讨论证会在北京大学成功举办。

中国民间文艺家协会副主席、北京师范大学教授、中国起源地智库专家万建中，国家文化产业创新与发展研究基地副主任、北京大学文化产业研究院副院长、中国起源地智库专家总策划师陈少峰，中国文联民间文艺艺术中心副主任、中国起源地智库专家委员会主任刘德伟，中国社会科学院副研究员、中国起源地智库专家邹明华，中国起源地文化研究中心执行主任、起源地城市规划设计院院长李竞生，中国民协中国葫芦文化专业委员会主任、中国起源地智库专

中国葫芦文化、中国葫芦农创文化起源地研究课题开题研讨会现场（唐磊　摄）

中国葫芦文化、中国葫芦农创文化起源地研究课题开题研讨会现场

（唐磊　摄）

中国葫芦文化、中国葫芦农创文化起源地研究课题开题研讨会成员合影

（寺儿堡镇人民政府供图）

家赵伟，中国民协中国起源地文化研究中心副主任、中国民协中国建筑与园林艺术委员会副会长兼秘书长、中国文物保护基金会罗哲文基金管理委员会副主任兼秘书长曲云华，葫芦岛市连山区政协主席李岩，葫芦岛市连山区寺儿堡镇时任党委书记田哲源，辽宁公安司法管理干部学院驻寺儿堡镇老边村第一书记高琳琳，葫芦岛市连山区政协文教卫体委主任刘素平，葫芦岛市连山区寺儿堡镇时任副镇长李岩（女），葫芦岛市连山区寺儿堡镇时任党委秘书王广超（现为副镇长）等出席了研讨论证会。

课题研讨论证会分别由课题组负责人介绍课题情况，申报课题单位对申报书进行阐述，课题组调研代表发表前期调研工作报告并讲话，课题组专家进行提问、答辩，研讨、签

中国葫芦文化重要起源地研究课题组专家在寺儿堡镇田野调查（唐磊　摄）

中国葫芦文化重要起源地研究课题组专家在寺儿堡镇田野调查（唐磊　摄）

中国葫芦文化重要起源地研究课题组专家在寺儿堡镇田野调查（唐磊　摄）

中国葫芦文化重要起源地研究课题组专家在寺儿堡镇田野调查（唐磊　摄）

中国葫芦文化重要起源地研究课题组专家在葫芦古镇田野调查（唐磊　摄）

中国葫芦文化重要起源地、中国葫芦农创文化起源地研究课题启动暨研讨论证会
（唐磊　摄）

署专家意见书等环节组成。

课题组专家听取了课题陈述人辽宁公安司法干部管理干部学院驻寺儿堡镇老边村第一书记高琳琳的汇报，葫芦岛市连山区寺儿堡镇时任党委书记田哲源作答辩发言，经过陈述、研讨、答辩、论证等环节，形成以下意见：

> 鉴于葫芦岛市连山区寺儿堡镇在中国葫芦文化的传承上，脉络清晰，历史依据比较充分，保护和发展措施比较明确。葫芦农创作为一种新兴的业态，连山区寺儿堡镇起步较早，发展比较迅速，建有葫芦农创主题公

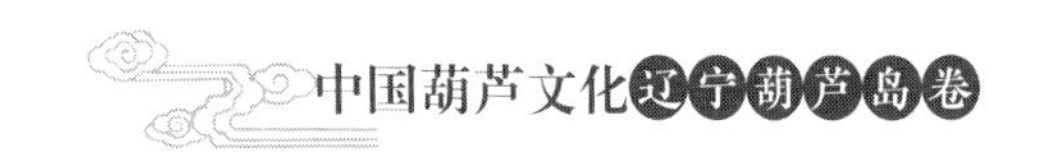

园，拥有诸多葫芦农创知识产权，编写了葫芦农创总体规划。

课题申报书以历史史料为依据，实地考察调研成果为基础，科学分析为依托，提供了葫芦岛市连山区寺儿堡镇作为中国葫芦农创文化起源地的基本条件。

目前在许多地方都有种植葫芦和传承葫芦技艺的人，葫芦文化在民间流传久远，地方特色突出，技法多样，故属于多元，以葫芦岛市连山区寺儿堡镇尤为突出，可得出结论：葫芦岛市连山区寺儿堡镇是中国葫芦文化的重要起源地，是中国葫芦农创文化起源地。

1. 农创与文化同行，携手共创美好未来

中国民间文艺家协会副主席、北京师范大学教授、中国起源地智库专家万建中，国家文化产业创新与发展研究基地副主任、北京大学文化产业研究院副院长、中国起源地智库专家总策划师陈少峰共同启动课题，课题组主要成员也一并上台见证课题启动。

2. 小葫芦蕴含大文化，应造就大产业

葫芦岛市连山区政协主席李岩代表葫芦岛市连山区致辞，介绍葫芦岛连山区葫芦产业发展情况，并对中国葫芦文化重要起源地、中国葫芦农创文化起源地课题组表示：第一，守初心，传承葫芦文化，铸就连山葫芦情。1994 年 9 月，经国务院批准，锦西市更名为葫芦岛市。这是全国唯一以葫芦命名的城市，而连山区可以说是葫芦岛市的发祥地。

葫芦岛市连山区政协主席李岩致辞（唐磊　摄）

中国葫芦文化重要起源地、中国葫芦农创文化起源地研究课题启动（唐磊　摄）

第二，抓落实，弘扬葫芦文化，规划产业新布局。依托葫芦岛地名优势，以及连山区特别是寺儿堡镇地貌优势，围绕葫芦文化开展一系列具体工作。第三，谋发展，依托“葫芦文化”，打造文化新业态。连山区将加大宣传力度，加大对葫芦文化保护、传播力度，进一步提升葫芦文化知名度，实现一、二、三产业联动发展。

国家文化产业创新与发展研究基地副主任、北京大学文化产业研究院副院长、中国起源地智库专家总策划师陈少峰讲述了成立起源地研究课题组的意义和重要性，并表示：第一，做好起源地研究课题，把葫芦农业与文化创意产业相结合，农业文化产业、农业文创、农业旅游是第三产业的核心内容。做葫芦农创要以葫芦为主，不局限于葫芦，打造葫芦文化体验中心、农业主题公园，农业主题公园与博物馆相结

北京大学陈少峰教授作课题启动发言（唐磊　摄）

合，博物馆以体验为主，兼顾展示。第二，把葫芦农产品变成文创产品，充分运用文创手段，如动漫故事发生地——葫芦岛等。把葫芦文化课题上升为策划类的课题，带动相关产业发展，打造葫芦文化品牌和葫芦文化系列故事。第三，研学基地是未来研学旅游发展的重要模式，打造葫芦文化研学基地和旅游目的地，将科普、教育、娱乐一体化，兼顾教育性和娱乐性，做到双重顾客都满意。

中国民间文艺家协会副主席、北京师范大学教授、中国起源地智库专家万建中表示：第一，葫芦岛有着悠久的种植葫芦历史，葫芦是重要的农业生产品种，葫芦艺术加工文创产业盛行，葫芦已经成为标志性的文化符号。第二，连山区人民自古就对葫芦有着深切的认同，与葫芦建立了难以割舍的情感关系，连山区已制订十分具体的发展规划，有着非常

中国民间文艺家协会副主席、北京师范大学教授、
中国起源地智库专家万建中发言（唐磊　摄）

优越的群众基础和内容、政策条件。第三，连山区葫芦文化内涵和文化的可塑性丰厚，葫芦文化和经济的融合前景广阔。

3. 课题组专家进行研讨论证

申报单位代表葫芦岛市连山区寺儿堡镇时任党委书记田哲源作答辩发言，他表示：感谢评审论证专家们的肯定与支持，在连山区委区政府的领导下继续团结一致，全区人民凝心聚力，让葫芦文化、葫芦农创文化在连山区遍地开花，成果造福社会。

4. 大产业有大希望，肩负大责任

刘德伟、邹明华、李竞生、赵伟、曲云华等专家分别在答辩环节进行发言，结合自身研究领域针对未来的发展提出大量具有可实施性、建设性、针对性的建议。

课题组专家对课题申报单位葫芦岛市连山区寺儿堡镇人民政府为当地的文化、经济、社会的发展所作出的努力和贡献给予肯定，对创新创造、传承发展的向前精神表示称赞，对葫芦文化和葫芦农创文化提出了殷切希望，并结合实地考察、文献史料、发展现状、陈述等内容共同表示：第一，葫芦具有世界性特征，我们和各个国家有着共同的认知，葫芦是提高中华优秀传统文化在国际上的影响力和讲好中国故事的重要载体之一，葫芦岛市作为全国唯一以葫芦命名的城市且具有地理、人文等优势，责任重大。第二，葫芦岛市连山区寺儿堡镇在葫芦文化传承上，脉络清晰，历史依据充分，保护和发展措施明确。葫芦农创作为一种新兴业态，连山区寺儿堡镇起步早，发展迅速。第三，要以葫芦文化引领产业向前发展，打造完整有机的葫芦文化产业链，实现推动文化事业和文化产业发展的双重作用，助力城乡联动发展。第四，葫芦拥有极其广泛的文化、社会、经济效应，具有不可代替性，葫芦文化产业应该立足连山区，面向全国，走向世界，灵活运用小葫芦造就大产业，积极打造中国葫芦文化产业、中国葫芦农创文化产业之都。

四、课题成果发布

2020 年 1 月 2 日，第六届中国起源地文化论坛暨年度工作会议在北京大学成功举办。中国葫芦文化重要起源地研究课题成果在会议上发布。此次会议以“探寻中华起源，增

中国文联民间文艺艺术中心副主任、
中国起源地智库专家委员会主任刘德伟主持会议（唐磊　摄）

中国民协中国起源地文化研究中心执行主任、起源地文化传播中心主任、起源地城市规划设计院院长李竞生介绍课题情况（唐磊　摄）

中国民协中国起源地文化研究中心副主任、中国民协中国建筑与园林艺术委员会副会长兼秘书长、中国文物保护基金会罗哲文基金管理委员会副主任兼秘书长曲云华代表课题组考察成员介绍调研情况（唐磊　摄）

连山区区委书记张猛讲话
（寺儿堡镇人民政府供图）

辽宁公安司法管理干部学院驻寺儿堡镇老边村第一书记高琳琳陈述发言
（唐磊　摄）

申报单位代表葫芦岛市连山区寺儿堡镇时任党委书记田哲源作答辩发言
（唐磊　摄）

强文化自信”为宗旨，以起源地文化研究为核心，梳理中华优秀传统文化脉络，记录各物质、非物质文化的起源，对内做学术研究，对外做综合服务，不忘本来、吸收外来、面向未来，致力于推动中华优秀传统文化创造性转化、创新性发展，构筑中国精神、中国价值、中国力量。

经过起源地文化传播中心联合中国民协中国起源地文化研究中心、中国西促会起源地文化发展研究工作委员会的智库专家进行一系列调研、查阅资料文献、研讨、论证、梳理等工作，根据专家评审意见，形成课题成果，葫芦岛市连山区寺儿堡镇作为中国葫芦文化重要起源地，中国葫芦农创文化起源地。

中国葫芦文化重要起源地研究课题成果被纳入《中国起源地文化志系列丛书》，全国发行。

课题组专家研讨（唐磊　摄）

中国葫芦文化重要起源地、中国葫芦农创文化起源地研究课题启动暨研讨论证会议现场（唐磊　摄）

中国民间文艺家协会副主席、北京师范大学教授、中国起源地智库专家万建中宣读并颁发课题成果证书（唐磊　摄）

中国起源地文化研究课题项目申报单位代表（唐磊　摄）

第三章 葫芦情缘 源远流长

连山区寺儿堡镇，作为中国葫芦农创文化的起源地和中国葫芦文化的重要起源地，一直以来都与葫芦有着割舍不断的情缘。

在中国历史上，寺儿堡或许只是个平凡而又普通的小镇，如果不是讲到葫芦文化，很少有人会关注到寺儿堡。但寺儿堡镇，乃至整个连山区，甚至葫芦岛市，都在中国历史的各个阶段留下了重要痕迹，而这些痕迹当然都与本地具有标志性的文化符号——葫芦有关。

远在庙堂之上的士人们习惯于用纸和笔记录历史，而身处民间的芸芸众生则习惯于以口耳相传的形式为历史留念。不少平民百姓常年只是在田间地头辛勤劳作，既不懂诗书，也不通文墨，但不妨碍他们有丰富的想象力和过人的见解。不少普通的历史小故事在口耳相传的过程中被加入不少个人演绎与理解的成分，久而久之，简单的历史故事变成越来越夸张的民间传说，而当时社会所流行的道德观、价值观等也都自然而然地融汇进这些民间传说中。所以，从这个角度上来说，民间传说是极虚的想象与极端的真实相结合：虚的是具体细节，真的是故事中所蕴含的价值判断与人生期望。

寺儿堡镇关于葫芦的诸多传说当然也符合民间传说的这些特征。在这些传说中，葫芦或是转败为胜的道具，或是求仙问道的标志，或是祈求福禄的吉物，或是神奇的解患法器，或是可以化生精灵的母体，或是民间奇人的日用配饰，或是悬壶济世的象征……

葫芦的种种可能性，尽在这些民间传说中体现。具体细节常有变形和夸张，但传说中所体现的寺儿堡人与葫芦割舍不断的情缘是真的，对生活美好的想象和盼望是真的，并且也与生活密切相关。可以说，寺儿堡的葫芦文化在这些民间传说故事中得到了淋漓尽致的展现。

第一节　巧计退兵的葫芦粮仓

唐代都城在长安（今陕西西安），与寺儿堡相隔甚远，但是这并不意味着，寺儿堡对大唐的繁盛毫无贡献。

根据《锦西市志》《连山区志》《寺儿堡史记》等资料记载，寺儿堡地区在唐朝时期实行道、州、县三级制，属河北道营州泸河县，一直处于中央的规划与管辖之下。

唐代是我国历史上强大的王朝之一，农、工、商业稳定发展，轻徭薄赋，百姓安居乐业，文化发展欣欣向荣，更重要的是，唐王朝具有非常强大的军事力量，为国家的繁荣昌

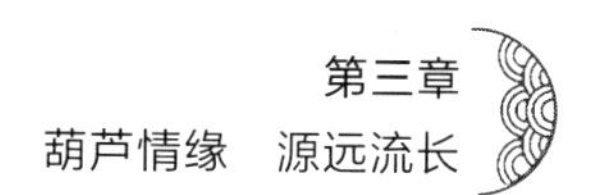

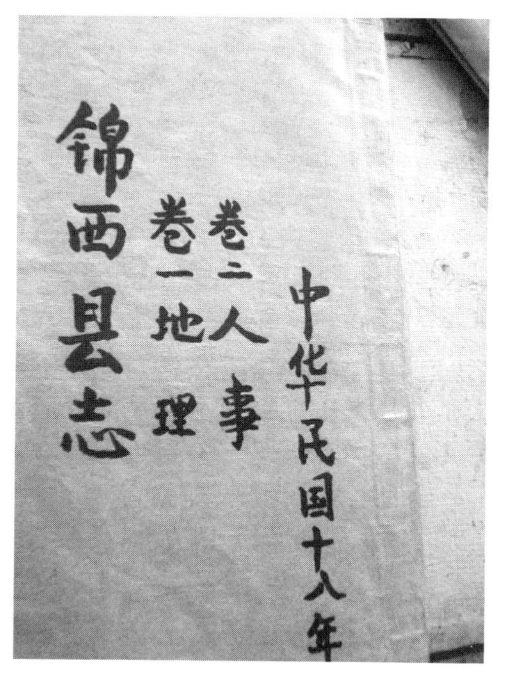

《锦西县志》目录（寺儿堡镇人民政府供图）

盛提供了武力保障。

在辽西地区，唐朝大将薛仁贵奉命东征的故事一直被广为流传。

传说唐贞观年间，高句丽人屡屡越界，侵占大唐土地，百姓苦不堪言。于是，薛仁贵奉旨率大军东征，与高句丽将领盖苏文在辽西展开激战。

直到今天，人们仍能在东北找到高句丽人生活繁衍的痕迹。寺儿堡镇曾出土高句丽人石臼、铜钱及装骨灰的坛子等，其中，在老边村的北老边屯西，一直到现在，还有一件疑似高句丽人留下的捣米石臼。

当年，两国的战事如火如荼，势均力敌，谁也不肯相让。虽然薛仁贵勇武，但盖苏文也不是等闲之辈。

战事旷日持久，辽西距离大唐京城长安甚远，兵力、粮草都难以及时补充，眼看大军粮草就快不足，高句丽还是久攻不下，薛仁贵犯了愁。而盖苏文那边，早就做好了持久战的准备，为的就是等薛仁贵的大军弹尽粮绝，自然退兵。

就在薛仁贵一筹莫展的时候，他身边的将领出了个主意：在大军驻地修建一些葫芦形状的粮仓，下粗上细，底部堆上杂物充数，只在细小的顶部放上粮食，借此麻痹敌军，让敌军误以为增援已到，粮草充足。

薛仁贵一听，大喜过望，连忙照做。粮仓不久便建好，消息很快传到盖苏文那里。盖苏文一向谨慎，担心中计，暗中派探子前来查看虚实。

薛仁贵早就料到盖苏文会派暗哨前来，故意不断开仓取粮，演戏给敌人看。暗哨见此情状，果然误认为唐军粮草充足，无法战胜，并将消息转达给了盖苏文。

盖苏文这边其实也早已是强弩之末，毕竟，高句丽的国力无法和大唐相比，盖苏文的大军所剩粮草也已不多，朝廷那边国库吃紧，早就催着撤兵。本琢磨着再撑一撑就能熬到薛仁贵退兵，没想到，大唐的补给来得那么快。

盖苏文长叹一声，吩咐手下，修书求和。经过几轮谈判，盖苏文答应撤出大唐领地，并不再越界。

由于撤退匆忙，盖苏文部队的许多生活物品遗落在当地，来不及处理，是而寺儿堡地区能找到他们当年掉落的生活物品。

传说是真是假，我们无须深究，民间传说也多有夸张、

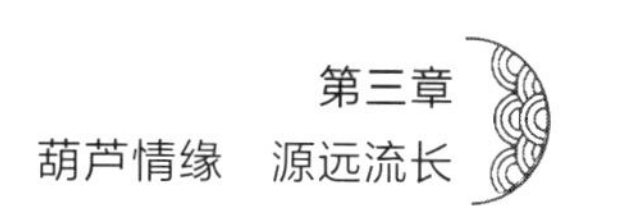

不合史实之处，但将仓库建成葫芦形，想必也是从百姓日常生活用具的葫芦联想而来的，是一种生活智慧。

事实上，唐与高句丽的国力差距要比传说中所说的大得多，唐太宗更是几次亲征高句丽，高句丽的精锐部队遭到了几乎毁灭性的打击，自此国力衰微，人口锐减，一蹶不振，直至唐高宗年间灭亡。往事如烟，一吹即散，留给人们无数叹息和遐想。

老边村西有虎头山，北有卧龙山，南有乌云山，是一处三山环抱、虎踞龙盘的风水宝地。

老边村还是五里河两条支流的交汇地，一条支流是发源于后峪村西北下甸子的清水河，另一条支流是发源于西蜂蜜沟村任家沟、水口子的西蜂河。两条河流在虎头山下汇合后流入老边村，将老边村一分为二，以河为界，南边为南老边，北边为北老边。老边村境内的河流长度为1.5千米。

每到雨季，雨水充沛，河水暴涨，河流最深处可达3米。河流经过老边村后，继续向东南流去，最终汇入五里河。河水将老边村的东面冲积成河谷低洼地，村民习惯称其为“小平原”。

老边村土地肥沃，滋养着山间诸多生灵。这里山多林多，草木丰茂，山上多松树、柏树、栎树、橡树等大树，林间布满荆条、榛子、胡枝子等低矮灌木，野花丛生，野草密布，松鼠、野兔、獾子、野鸡等小动物不时跑来跑去。

老边村的人们勤劳朴实，充分利用每一寸土地，他们在山谷、河滩上种粮，在河水中养鱼、捕鱼，过着自给自足的悠闲生活。

乌云山望海寺（寺儿堡镇人民政府供图）

此外，村里的人们都喜欢在房前屋后、田间地头种上几棵葫芦秧，不用付出多少时间和精力，只要偶尔一捧山泉水，和着大自然的阳光雨露滋养，葫芦就可以茁壮成长。耐心等上几个月，吃的、用的、玩的就全都有了，得来全不费工夫。

第二节　岳氏家族的福禄葫芦

岳飞精忠报国的故事可以说家喻户晓：南宋初年，金兵占据北方半壁江山，并意图继续南下，岳飞于此时力主抗金，并带领训练有素的岳家军收建康，复襄阳，取郑州，下

乌云山望海寺石碑（寺儿堡镇人民政府供图）

后峪水库（寺儿堡镇人民政府供图）

老边村（寺儿堡镇人民政府供图）

老边村（寺儿堡镇人民政府供图）

老边村（寺儿堡镇人民政府供图）

农家后院栽种的葫芦（寺儿堡镇人民政府供图）

洛阳。可惜宋高宗一心求和，不愿北伐，以“十二道金牌”将岳飞强行从前线召回，并在秦桧的唆使下以“莫须有”的罪名处死岳飞，岳飞的长子岳云也一同遇害。

后世人们感念岳飞忠君爱国的精神，痛恨卖国求荣的秦桧，是而在临安城内建岳王庙，并在岳王庙内铸造秦桧夫妇跪像，让陷害忠良的奸臣秦桧永世跪着赎罪。

岳飞一生抗金，并未有机会来到关外，然而岳家的后人却有不少聚居在寺儿堡。

据说，明朝末年，岳家后人岳三亮三兄弟参军戍边，从老家河南不远万里，前往东北边关。老大一家后来定居在前千家峪，老二则定居在后千家峪，老三继续向东，不知后来在何处落地生根。

前、后千家峪，就是现在的寺儿堡前、后峪村。时隔几百年，岳氏一族仍然为国家安定奉献着自己的力量，其精神值得人们永远铭记和赞颂。

寺儿堡岳氏后人中，还流传着这样一个传说。

岳氏兄弟在前、后千家峪落脚后，家族不断开枝散叶，人丁甚是兴旺，但遗憾的是，子孙多平凡之辈，甚少有能入朝为官的。岳家人自己也万分不解，先祖岳飞出类拔萃，军功卓著，不仅屡屡击退凶残的金兵，还以自身的人格魅力获得无数百姓的爱戴，为何岳氏后代这样平平无奇？

后来，一位身携葫芦的道人云游至此，岳家人听闻这位道人神通广大，对道法颇有心得，便连忙将道人请至家中，好生招待，期待道人能够给出破解之法，帮助岳家后人再创辉煌。

谁知这道人却偏偏爱卖关子，一应茶饭，来者不拒，但只要一提到正事，便闭口不言。

有几个年轻人沉不住气，认为这道人明显是故弄玄虚，借此骗吃骗喝，准备将这道人打发出去。

岳家族长听闻此事，连说不可，道长是修行之人，非凡尘俗客，怎能几顿茶饭就逼人家开口，他愿说就说，不愿说我岳家也一应好茶好水供奉着，就当修行做善事了。

后来，岳家族长又反复叮嘱岳家人，无论道长待多久，有多少要求，都不能露出一丝不耐烦的神色，否则就是对道法不敬。岳家人虽有疑虑，却也只能照做。

只是没想到，这道人一待就是三年，这三年除了正常吃饭睡觉，就是修行打坐，并未对岳氏子孙前途有过只言片语。难能可贵的是，岳家人却并未有什么牢骚抱怨，对道人仍是毕恭毕敬。

岳家坟遗址（寺儿堡镇人民政府供图）

终于有一天，这道人松口了，微笑着叹道："不愧是岳家的后人啊！"原来，这三年，道人故意一言不发，为的就是考验岳家人的品行。若他们耐不住性子，轰道人离开，便可知他们不够诚心，道人便也不必伸出援手。

岳家人听道长说完缘由，不禁庆幸听从了族长的告诫，三年的等待总算没有白费。

但究竟为什么岳家没有再出才俊呢？原来，前、后千家峪虽水土上佳，但终归不如中原地杰人灵，中原有上千年的文化积淀，自然能培养出盖世英豪。岳家从河南迁来关外，在此地时间尚短，缺乏根基，尤其是在附近山上的祖坟，缺乏那么一缕青烟。

道人说完，也不待他人指引，便径自来到了后山上的岳家祖坟。山上松柏成林，庄严肃穆，山脚有一碗口粗的泉眼，清泉汩汩如注，日夜流淌，在山下低洼的地方形成一片河塘。河塘里，芦苇茂盛，金蝉长鸣，莲叶成片；河塘岸边，绿树成荫，葫芦缠藤，芳草萋萋。

只见道人仰望苍天，双手合十，大声说道："贫道愿以双目换取岳家福禄昌盛，人丁兴旺，金榜题名。"

话音刚落，一道青烟从岳家祖坟冒出，腾空升起，化作一条青龙，直冲云霄，四周散发着耀眼的金光，令人难以直视。

躲在一旁的岳家人被金光刺得睁不开眼，待金光散去，再要看时，道人早已消失不见，坟边只留下袅袅余烟和道人随身携带的葫芦。

不知过了多少年，岳氏家族果然日子殷实，子孙皆卓尔不群，陆续有人金榜题名，官运亨通，据说曾有人做到了御前侍卫。

为了感谢道人的恩德，岳家人将道人遗留下的葫芦摆在祠堂中供奉，是携带葫芦的道人牺牲自己，改变了岳家人的前途命运，因此葫芦便是福禄的象征。

同时，葫芦发音也类似“福禄”，谐音颇为吉祥，岳氏人不论男女老幼，都有用彩葫芦作佩饰的习惯，或挂在腰带上，或拴在烟袋杆上，或把玩在手上。岳氏的女人们，在扎花、刺绣、剪纸时，也把葫芦图案作为首选。

在岳家屋梁下，也悬挂着葫芦，称为“顶梁”，据说，因为有此葫芦，岳家人一直比较平安顺利。同时，当年节来临时，岳氏家家都用红绳线串绑起五个葫芦，称为“五福临门”。

第三节　明长城与葫芦娃娃

寺儿堡，这一地名乍听有些古怪拗口，其实是有一定历史缘由的。

据《锦州市乡镇地名志》记载，位于寺儿堡西南的乌云山，古称为小白云山。因山上松林密布，松涛阵阵，又得名松山。

大约在明朝之前，松山上就建有一座寺院，名为松山寺。到了明正统二年至七年（1437—1442），明朝廷为了加强辽东防御，开始修筑辽东长城，又称辽东边墙。后为右佥都御史王翱主持修建，明万历三十七年（1609），辽东巡抚熊廷弼再次整修了辽东长城。明辽东镇长城，在连山境内全长

58千米。

在河滩谷地平缓之处建立堡城，也是明长城防御体系的重要一环。因为松山周边长城防御设施众多，需要大量的将士驻守，因此，松山山脚下的不远处，就建立了一座堡城，因寺院之名而得名松山寺堡。

关于松山寺堡，《盛京通志》记载：

> 明为松山寺堡，宁远城边堡，北接沙河儿堡，南接灰山堡，周围一里三百四十六步，南一门，驻官军一百九十六员名。

由此可见，松山寺堡在明朝时是重要的防御堡垒。后来，为了与锦西城北的松山城相区分，松山寺堡简称为“寺堡”，又称“茨堡”。北方人发音习惯加儿化音，时间久了，“寺堡”就逐渐变成“寺儿堡”。随着长城军事防御作用的消失，寺儿堡也由军事重地变成普通城镇，但寺儿堡这个名字一直沿用下来。

寺儿堡周边山体环绕，主要有乌云山、平顶山、歪桃山，乌云山位于西南方，歪桃山在西北侧，平顶山位于当中，三座山脉互为犄角，一脉相连。看似默默无闻的几座山体，却在用自身承载着厚重的明长城。

山间不仅松林密布，还有不少野生的葫芦，每逢大雾天气，进山的人们经常会听到童稚的娃娃音，当然，人们只是闻其声，却从未得见其踪影。不少村民认为，这些神秘的娃娃音，是葫芦变的，村民亲切地称它们是“葫芦娃娃”。

关于“葫芦娃娃”，寺儿堡流传着这样一个传说。

据说，当年有位云游四海的和尚在寺儿堡的山中迷了

歪桃山长城（寺儿堡镇人民政府供图）

尖顶山长城（寺儿堡镇人民政府供图）

平顶山长城（寺儿堡镇人民政府供图）

夹山长城石墙（寺儿堡镇人民政府供图）

路。夏季的早晨，雾霭茫茫，和尚越走越觉得不对，眼前的路似乎刚才已经走过，但放眼望去，四周一片松涛，每条路的样子都差不多。

正一筹莫展之际，和尚远远地听到一些小孩子嬉闹的声音。和尚不禁大喜：附近有孩子玩耍，说明不远处就有人家居住。有人指路，想走出去还不容易？

和尚定了定神，循着声音的方向往前走。神奇的是，那声音明明就在耳边，感觉走两步就能看到人，但和尚走了一个时辰都不见人影。

难道是走错了？和尚刚想掉头，孩子玩闹的笑声又响了起来。和尚心想：算了，已经走了那么久，现在回去就前功尽弃了。他继续向前走，高大的松树渐渐少了，取而代之的是无尽的葫芦藤蔓，缠缠绕绕，寸步难行。

和尚看到不远处有两个白白胖胖的小孩子在打闹，连忙扒开藤蔓走了过去，但他一靠近，两个孩子就消失了。和尚以为是自己产生了幻觉，在周围寻找了一阵，还是不见两个孩子的身影。

难道是见鬼了？

正在和尚疑惑之时，四周云开雾散，周围一切景象都清晰起来。原本杂乱的葫芦藤突然变得整齐起来，安静地盘在路两旁的架子上，旁逸斜出的杂枝很少，一看就是经过人精心打理的。原本已无路可走，此时却出现一条笔直的大路。这到底是怎么回事？和尚带着疑惑向前走，看到路的尽头有一间爬满葫芦藤的小屋。

和尚敲门，开门的是一个满头白发的老人。老人慈眉善目，不仅热情地为和尚指路，还精心准备了饭菜，让和尚吃饱继续赶路。席间，和尚向老人道出奇异的见闻，老人却丝毫不感到惊讶，只是大笑着说，哪有什么孩子，不过是我种的葫芦罢了！

原来，这老人年轻时曾是长城戍边的士兵，经历大小战役无数，有一次中了敌人埋伏，险些丧命，是腰间别的葫芦酒壶替自己挡了一刀，才活下来。

多年征战，家乡早就物是人非，亲人也都故去。解甲归田后，老人选择留在边关，隐居山林，在山中种些葫芦，也算感念当年葫芦的挡刀之恩。只是没想到，日久年深，葫芦吸收了山中的雨露精华竟然成了精，不时化作小娃娃在山中打闹，遇到迷路的远行客便用声音指引他们来到老人的小屋，不让他们在山中渴死饿死。

老人没有家人，孤苦无依，葫芦娃娃正好化解了他久居山林的寂寞，还可以顺便接待远来的客人，也算积德行善了。

和尚听完这些话，大为感动，想要将老人的故事写下来，老人却一口拒绝了。和尚询问老人的姓名，老人也不愿透露。和尚只能带着遗憾离开此地。

过了许多年，和尚故地重游，却怎么都找不到那位老人。山中隐隐地仍有孩子的笑声，只是这次，无论和尚怎么找，都没再看见葫芦娃娃的身影。

除了这个有些类似“桃花源”的故事，寺儿堡地区还流传着七兄弟勇斗蛇精的故事。

传说从前，寺儿堡有一户姓寺的人家。与其他人家不同，寺家的家世甚为神秘，祖上为谁从不向外人道。村里人虽然奇怪，但时间久了，见寺家人举止与常人无二样，也就

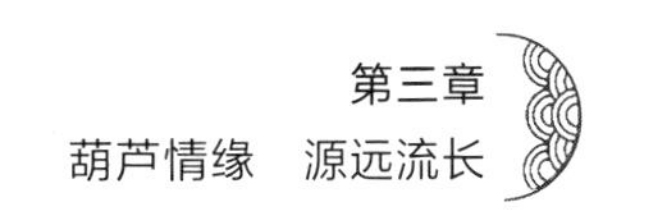

见惯不怪了。

寺家有三个女儿和七个儿子，正好凑成“十全十美”。更让人羡慕的是，寺家的女儿样貌出众，儿子则聪明勇敢。由于寺家人爱栽培葫芦，于是在给几个儿子取名时，借用了七种不同的葫芦，分别是：福葫芦、禄葫芦、吉葫芦、祥葫芦、宝葫芦、神葫芦、仙葫芦。

光阴似箭，日月如梭，一转眼，寺家的孩子们都长大了，女儿们都嫁去了别处，只有儿子们还留在本地。

寺儿堡地区多山林，因此常有蛇蝎野兽出没伤人，附近的百姓深受其害，却也无计可施，只能时刻当心，万一受伤或中毒，也只能认命。

寺家的七个儿子天生勇武，聪明机智。他们眼看着身边的乡亲受苦，认为不能坐以待毙，总要有人出头将害人的蛇蝎一网打尽。寺家几兄弟一商量，便一同拿起武器进了山。

他们一路并肩作战，披荆斩棘，负伤无数，不仅杀死了几个害人的蛇蝎精，还将他们的老巢付之一炬，熊熊大火足足烧了三天三夜。

乡亲们听闻寺家几个兄弟进了山，一直焦急地等待他们回来。大火将附近的丛林几乎都烧毁了，不少小动物受惊跑了出来，却迟迟不见寺家几兄弟的身影。

正在大伙儿焦灼不已的时候，被烧红的天边慢慢升起一道耀眼的彩虹，赤橙黄绿青蓝紫，正好七色。彩虹仿佛一件华丽的长袍披在被烧焦的山上，瞬间，草木葱茏，生机盎然，绿色重返大地，四处鸟语花香。大家知道，是寺家七兄弟牺牲了自己，还村民一个宁静祥和的家园。

为了纪念寺家七兄弟，村民们开始家家种葫芦、结葫芦、挂葫芦、收藏葫芦。也有人说，“寺儿堡”这一地名的由来就是为了纪念寺家的几个儿子。

第四节　清朝的葫芦渊源

乌云山地处寺儿堡镇西南方向，海拔 405.9 米，与我国诸多名山大川相比，算不得什么险峻高山，山上虽树木葱茏繁茂，但其景色也绝非独一无二。

然而，乌云山在辽西地区却是声名远播，这与乌云山背后的历史故事息息相关。

明朝末年，努尔哈赤统一女真，正式建立后金政权。为训示子孙，努尔哈赤经常带着八旗子弟策马西巡。

一天努尔哈赤见天气甚好，晴空万里，便带着众人深入山林，纵马打猎。兴致正浓时，天空却突然乌云密布，不久便雷电交加，狂风大作，雨点像撒豆子般掉下来，伴随着“唰唰”的声音，雨越下越大，天地间好像被黑夜笼罩，难以辨别方向。

努尔哈赤一行人急忙想要离开，但马儿受了惊，不听使唤，撒开马蹄四处狂奔。大雨震动了山上的砂石土砾，不少大石骨碌碌滚下，不少人躲避不及被大石砸伤。

众人乱作一团，几个年轻的八旗子弟已经沉不住气，“呜呜”地哭了出来。

努尔哈赤因贪情纵兴，才来到此深山，对此山地形也并不熟悉，此刻心内正后悔不已。还好努尔哈赤身边随从对来

远眺乌云山（寺儿堡镇人民政府供图）

路仍有印象。

众人定了定神，准备原路返回，却发现路早已被大雨和砂石冲断了，根本不可能照原路返回。雨在此时也越下越大，似乎生怕人们不晓得暴风骤雨的威力，风雨雷电愈发猖狂地咆哮着，滚滚洪水席卷着泥沙石块，奔涌而来，众人只有抱住身旁的大树才没被洪水冲散。

周围积水渐深，已经漫到大腿处。七月的天，本是酷热难当，众人衣服也都穿得单薄，但此时浸泡在滚滚洪水中，身体却是冰凉。

努尔哈赤被洪水围困在山脚茂密的树林里。他双手抱住一棵高大的树木，下半身浸在冰凉的雨水中，寸步难行。看着滔滔洪水咆哮着滚滚东去，努尔哈赤想起自己靠着13副铠甲，白手起家，金戈铁马，浴血奋战，创立八旗军制，建立后金政权的一幕幕场景。曾立志沙场浴血奋战、马革裹尸而还的自己，多年来出生入死都不曾丧命，难道今日要亡于一场暴雨吗？想到这里，他不禁仰天长叹："难道天欲灭我吗？"

话音刚落，一位仙气飘飘的道人缓缓从乌云中飘出，只见他衣袂翩跹，乘着一艘巨大的葫芦船，手里托着一个精致的宝葫芦。道人见努尔哈赤神色悲恸，连忙说道："非天欲灭你，是龙王一时糊涂，将雨下错了地方，贫道这就将洪水收回去。"

努尔哈赤吓了一跳，以为自己出现了幻觉，再看周围人，也是一样惊诧迷惑的神色。

道人也不多解释，打开手中的宝葫芦盖子，口中念着咒语，霎时间，风停雨歇，原本肆虐的洪水仿佛听话的小孩子，排着队奔向道人手中的宝葫芦。说来也奇怪，源源不断的水进去，那宝葫芦却仍然空着一样，不见水溢出来，也不见葫芦底被水涨破。道人托着葫芦，也未露出丝毫吃力的神色。

良久，道人终于收了手，将葫芦盖子盖上。本已快及腰深的水消失殆尽，原本被洪水淹没的道路也显现出来。只是天上仍然乌云密布，四周仍是漆黑一片。努尔哈赤说道："这乌云也快让它散了吧！"

没想到，话音刚落，原本层层叠叠的乌云真的散了，天空重新变得纯蓝幽静，一望无际，一缕日光伴随着鸟语照了过来。

众人惊得合不拢嘴，努尔哈赤转头寻找那道人，想要一问究竟，没想到那道人早已消失不见。众人虽有疑问，但更担心洪水再度降临，只好趁着天气晴好迅速返程。

后来努尔哈赤派人回到此地，向周围村民打听附近地形，村民只说那山是常年人迹罕至的荒山，因此山附近的地形也没有人熟悉。至于努尔哈赤一行人遇到的神奇道人，村民们就更一问三不知了。

努尔哈赤得知消息后，慨叹道："山为我避雨，光为我照明，乌云散尽，恩重如山，此山就叫乌云山吧！"

从此，乌云山这个名字就流传开来，并沿用至今。

东北是后金也就是后来的大清的龙兴之地，辽西地区作为关外的战略要地，努尔哈赤到此巡游也是极有可能的，但被洪水围困，遇到道家仙人相救就明显有浪漫想象的成分了。不过努尔哈赤作为开创大清政权的先祖，这个故事充分显示了努尔哈赤的与众不同，是被神明庇佑的"天选之人"，后来的清代朝廷应该也乐见这个故事被广为传播。

清代，还有另外一则故事，同样在寺儿堡地区口耳相传。

在寺儿堡镇东南部的前瓦庙子村，坐落着一座始建于清乾隆年间的娘娘庙。庙里最早供奉着云霄、琼霄和碧霄三位娘娘。这三位娘娘是道教神话故事中有名的仙女，民间亲切地将她们合称为三霄娘娘[1]。从前人们求儿女，都要拜三霄娘娘，所以也有人称三霄娘娘为送子娘娘或送子奶奶。

---

[1] 关于三霄娘娘，我国古代神魔小说《封神演义》中曾有涉及。传说这三位仙女当年曾在碣石山上的碧霞宫修行，她们三人采天地之灵气，集日月之精华，日久年深，各自练就一身本领。三人各自有一件法器，分别是金蛟剪、混元金斗和缚龙索。在《封神演义》中，碧霄娘娘曾将金蛟剪借给同门师兄赵公明，助其讨伐姜子牙，不料没帮到赵公明，反使其招来杀身之祸。

前瓦庙子村娘娘庙（寺儿堡镇人民政府供图）

春日的一个早晨，一个老人赶着驴车从莲花山到东海，走到半路，看到三位美丽的姑娘站在路边，希望搭一段便车。老人心地善良，想都没想就答应了。

山间小路崎岖难行，不时还有泥巴和积水飞溅起来，甚至溅到衣服上。老人见三位姑娘衣着不凡，怕她们衣服脏了，不时回头提醒，这三位姑娘却只是抿嘴笑笑，并没有说什么话。

后来驴车行至一段陡坡，从前走这段路都要费上大半晌工夫，运气不好的甚至会车翻人亡，没想到这次驴车非常轻松地就跑到坡上。老人甚为惊奇，刚要和车上的三位姑娘分享这怪事，没想到一回头，哪里还有人影？

人们都说，老人这是遇到三霄娘娘下凡了。因此，有人便在三霄娘娘现身的那片低洼地带修了这座娘娘庙，也

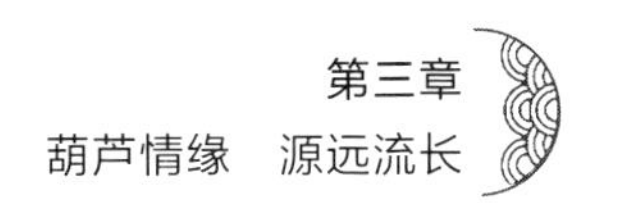

称为洼庙子。因娘娘庙青砖砌筑，琉璃瓦盖顶，因此又称瓦庙子。

娘娘庙的后院草木葱茏，还种着不少葫芦。葫芦是寺儿堡地区的特色植物，人们往往无心栽培，随手撒几粒种子，葫芦就年年岁岁在此繁衍不息。夏季葫芦开出洁白的花朵，娇嫩的花朵随着微风轻轻颤动。不久，葫芦花谢了，又结出美味的葫芦供来往香客食用，一些未及摘下的葫芦风干后依旧挂在葫芦藤上，有风吹过，彼此碰撞，发出悦耳的响声。

有人说，这响声是葫芦里结出了小娃娃，小娃娃在笑呢。也有人说，这些小娃娃是三霄娘娘从天上带来的童子，为人间带来富贵吉祥。

于是，一些生活不顺或求子的村民常来娘娘庙后院上香，对着葫芦藤祈福，希望仁慈的三霄娘娘能满足自己的心愿。

寺儿堡除了有娘娘庙，还有红带沟村。如果说寺儿堡本身是一个圆润曼妙的葫芦，红带沟村就是束在葫芦上的一条美丽丝带。

这红带沟村并不是当地人胡乱起的名字，而是有一定的历史渊源，这段历史渊源也与清王朝有着密切的联系。

清朝的皇族从清太祖努尔哈赤父亲爱新觉罗·塔克世那一辈开始算起，以此论远近亲疏，嫡系旁支。亲近嫡系，一般被称为“宗室”，所谓宗室子弟的说法正是由此得来；旁系远亲，一般被称为“觉罗”。

到了顺治一朝，清军已正式入主中原王朝，因此需要进一步厘清王朝内部亲缘关系，顺治皇帝便下旨，不同支系应以不同颜色的腰带来表明身份。宗室子弟一般系黄色腰带，表明其与皇室的亲密关系，即其为努尔哈赤与努尔哈赤兄弟们的子孙后代，因此，宗室子弟也常被代称为“黄带子”；其余旁系远亲则腰系红色腰带，因此，觉罗也被称为“红带子”。

另外，按照礼法规定，朝中的文武大臣只能选择蓝色或青色的腰带，否则便会被问罪。不难看出，清朝时期，腰带的颜色不是任意的，而是一个人身份地位的象征。当然，穿错衣服或用错腰带的概率也是很低的，因为这些服饰都是由官府管控的，民间私造官服是重罪。

黄带子是清王朝的嫡亲，当年努尔哈赤统一女真部落，兄弟亲族一路追随，共同出生入死，可以说立下了汗马功劳；后来清兵能够入关，也与杰出的嫡亲将领能征善战密不可分。因此，宗室子弟自然而然享受了诸多特权，除了优厚的钱财俸禄外，国家法律也对他们格外优容，甚至惹出人命官司也可以免于一死。而且宗室子弟与平民不同，相关诉讼案件不会交由衙门审判，而是由皇家大内衙门宗人府来关押断案。

红带子与清朝皇室的关系没有那么亲密，因而享有的特权远没有黄带子多。虽然也享受一定的俸禄，但和黄带子的相比，就不值得一提了。

清代中期，一位红带子举家搬迁到寺儿堡北部。此时，别说红带子，就是黄带子数量都已相当庞大，甚至可以说已成为当时朝廷的沉重负担。不少皇亲国戚仗着身份尊贵，不读书上进，反而一边吃着皇粮，一边欺男霸女，为害一方百姓，这些人让清廷非常头疼。但是，对于远离京城的小村庄来说，有皇族血亲搬迁到寺儿堡，仍然是一件了不得的事情，就连红带子一家居住的地方也改名为红带沟。

时至今日，红带沟仍有不少清王朝贵族的后代，如红带沟的钟氏家族。据说，钟氏家族当年门庭显赫，最风光时祖上曾是朝廷的带刀侍卫。不幸的是，后来钟家一位年轻人违反朝廷禁令，与一位待选秀女结亲，引得龙颜大怒，一夜之间，满门抄斩，富贵荣宠消失殆尽。钟家几个年轻的男孩子趁乱侥幸逃脱，为避追捕，只能一路向关外跑，最终出了山海关，来到辽西，定居红带沟，从此在寺儿堡落地生根，勤恳耕作，开枝散叶，一直到现在。

一转眼，荣辱成败都成空，只留得无数遗憾与故事供后人谈论感叹。如今的红带沟，仍然如一条耀眼的丝带缠绕在寺儿堡这个迷人的葫芦上。

第五节　戴葫芦金盔的佟娘娘

众所周知，清初的佟氏家族显赫无比，家族中人在朝为官的不在少数，佟家女孩更是不简单，进入后宫成为妃嫔的就有六位，最广为人知的就是清康熙帝的母亲，谥号“孝康章皇后”。

孝康章皇后的家乡正是寺儿堡。

据《锦西市志》《连山区志》《寺儿堡史记》等资料记载，20 世纪五六十年代，寺儿堡镇的新地号村、尖山子村和沙河营乡的乌朝屯村，同属一个区。而乌朝屯村东南与新地号村西北、尖山子村的东北交界处，是两山夹一沟的地势。

两山，其实是两座小山。其中一座山海拔不足百米，因在乌朝屯东南，所以，乌朝屯人称为东山，新地号人则习惯于依据本村位置特点称为北山。而另一座海拔50多米的小山，名叫毛山。毛山现属新地号村。早年，毛山脚下，有一股清泉，泉水汩汩如注，日夜流淌，在山下形成一片波光潋滟的池塘。

一沟，是一条由北向南延伸的深沟。早年间，沟里长满大大小小的刺槐树，因此，被人们称为刺槐沟。刺槐沟的刺槐树开枝散叶，一直覆盖到两侧的山岭上。远远望去，刺槐沟如凤凰金身，而两侧的小山如翅膀，整个看上去仿佛一只碧绿的振翅欲飞的凤凰，因此，这一处两山夹一沟的区域，又有落凤坡之称。

落凤坡这一地名所言非虚，此地真的曾有一只凤凰展翅腾飞，这只凤凰就是孝康章皇后，寺儿堡地区的人们亲切地称她“佟娘娘”。

关于佟娘娘，在《锦西市志》中还记载着一个美丽的传说，这个传说在葫芦岛地区的民间广为流传。

传说当年，顺治帝到了该娶亲的年纪，但对已定亲的皇后不甚满意，终日郁郁寡欢。有一天晚上，顺治帝批阅奏章，迟迟不肯入睡，后来过于困倦，竟伏在案上睡着了。蒙眬中，顺治帝看到一位美丽的女孩头戴金盔，身骑白龙，怀里抱着一只金色的凤凰，手里还托着一块方印，双眼似灵动的春水，双唇如鲜嫩的樱桃。白龙载着女孩从云端飞过，留下阵阵如银铃般的笑声。顺治帝连忙走近，想问问女孩的名字，没想到却在此时醒了过来。

顺治帝醒了以后对女孩无法忘怀，脑海里总是浮现她美丽的面庞。明知是个梦，他还是忍不住派钦差去皇宫外寻找，并以三年为期，限期内必须完成任务。

钦差毕恭毕敬地接了圣旨，却忍不住犯了愁：虽然有顺治帝亲自画的画像，但人海茫茫，去哪里寻呢？况且还要头戴金盔、身骑白龙、怀抱金凤、手托方印，这样的奇女子只怕天上才有吧，民间即使有，还不早被当成怪物给打死了？即使找到了，也不敢明目张胆地带回来啊，谁知道这样的女子带回来是福是祸。

怀着重重疑虑，钦差上了路，果不其然，寻人之路难之又难，偶尔有几个和画像相似的女孩，带回去，顺治帝都频频摇头，更别提还要头戴金盔、身骑白龙、怀抱金凤、手托方印了。

眼看三年之期马上就要到了，顺治帝渐渐失去了耐心，钦差生怕皇上一个不痛快，革了自己的职，只得马不停蹄加紧寻找。正踌躇无措时，还是钦差的随从提醒了一句："大人别光关内找啊，关外是老祖宗发家的地方，是大清的龙兴之地，说不定就有骑白龙的奇女子呢！"

是啊！关外虽不比关内繁华、人口稠密，但说不定就能出奇迹呢！

钦差连忙带人连夜出了山海关，挨家挨户寻找。不久，钦差带人来到连山驿附近的乌朝屯，恰逢一家人在村里办喜事，敲敲打打，好不热闹。

人群中，钦差发现一个非常特别的女孩，她骑在白墙上面（身骑白龙），头上倒扣着一个硕大的葫芦瓢（头戴金盔），怀里抱着一只通体金黄的母鸡（怀抱金凤），一只手托

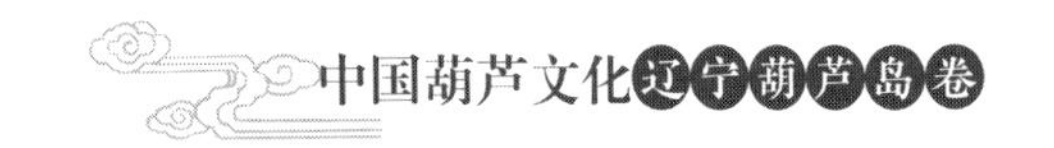

着一块四四方方的豆腐（手托方印）。

只是这女孩的相貌实在不堪，满脸的脓疮，让人无法直视。皇上画像上的女孩可是万里挑一的美人，要是把这样的人带回去，皇上还不知道要怎么生气呢！

钦差一边犹豫，一边找村长打听这女孩的身世。村长一听就笑了，说："这是佟家的黑丫头，父母早早就去了，族里人看她可怜，给她口饭吃。"

钦差忍不住追问："她生了什么怪病吗，怎么会满脸脓疮？"

村长说："当年她父母在时可不这样，清秀着呢！后来穿百家衣，吃百家饭，也不知道打扮，渐渐就成了这样子，病嘛倒也没病，不过欠点功夫罢了！"

听到村长这样说，钦差眼前一亮，由村长和族里的热心人带着黑丫头去毛山脚下的池塘梳洗。

真是神奇，经清澈的池水一洗，黑丫头脸上的脓疮一下子就脱落了，皮肤白皙胜雪，眼睛清澈灵动，唇红齿白，黑发如瀑，这哪里是什么佟家的黑丫头，这不正是皇上日思夜想的女孩子嘛！

钦差连忙命人准备仪仗，将女孩抬回京城，皇上一见果然大喜，不久就册封为妃，后来又诞育下顺治帝的第三子玄烨，也就是后来的康熙帝。

这位头戴葫芦瓢的女子也被人们亲切地称为"佟娘娘"。

孝康章皇后确实生于葫芦岛市连山区，但她入宫为妃的过程远不如传说中那样神奇曲折，在清初那样复杂的政治环境下，一个平民女子不太可能顺利进宫为妃，甚至生下后来的皇位继承人。人们创造这样的故事，说明人们对生于连山的佟娘娘有一种大胆的想象，期待她的人生如烟火一样绚丽多姿。

事实上，佟家先祖佟养正（本名佟养真，避清世宗胤禛之讳，改称佟养正）追随清太祖努尔哈赤南征北战，立下汗马功劳，后来，佟养正的儿子，也就是佟娘娘的父亲佟图赖（汉名佟盛年）又随着清太宗皇太极转战辽西，直到后来，顺治帝登基，佟图赖一家也随军入关。

历史上的佟娘娘正是在这样的战争背景下于连山出生，直到出生后数年才离开连山。虽然也有过颠沛流离、随军辗转的经历，但佟娘娘自幼衣食不缺，养尊处优，未受过半分苦楚，显赫的家世也注定她日后会嫁入皇室。十三岁即入宫为庶妃，一年多以后生下皇三子玄烨。

后来顺治帝英年早逝，康熙帝登基，年仅二十一岁的佟娘娘也随之成为圣母皇太后。可惜，天妒红颜，仅仅两年以后，佟娘娘就溘然长逝，葬于孝陵。离世时才不过二十三岁。

佟娘娘为什么年纪轻轻就仓促离世，如今我们已不得而知了，青春正盛，突失丈夫，幼儿即位，诸多变化，她的心境后人更是难以揣测。她更像一条璀璨的纽带，将连山与佟氏一族的命运联系起来。

虽然佟图赖带领着妻子儿女离开连山，从龙入京了，但佟氏族人并没有全部离开连山。

后来，佟氏族人战功卓著，多受皇封，族中闻达显耀之人不少，坐实了“佟半朝”之名。据《佟氏宗谱·瑛祖四房森世系》中记载，定居连山区的佟氏族人中，至少有两位“诰封中宪大夫”，一位是十一世佟世金，一位是十四世佟茂相。

于是，饮水思源，民间普遍认为，传说中那位头戴葫芦金盔的佟娘娘功劳是最大的。

第六节　悬壶济世的六先生

成熟的葫芦肚大口小，密封性好，是天然的储物容器。更难得的是葫芦取自天然，不需要复杂的人工，省时省力，还常常有一股植物天然的清香，因此也不难理解，为什么我国古代人们习惯于用葫芦来盛水装药。

民间有句俗语：不知你葫芦里卖的什么药。此话透露出葫芦作为容器，往往与求医问药息息相关。民间还有很多传说，都与神医携带葫芦治病救人有关联。寺儿堡作为重要的葫芦产地，也流传着这种故事。

据说，民国时期的寺儿堡，有位六先生，最擅长医治疑难杂症。但这位六先生与普通大夫不同，是位聪慧美貌的女子。

她本姓杨，是朝阳人，后来嫁到了寺儿堡镇的王家，人们原本称她王杨氏，后来因为她妙手仁心，为寺儿堡的病患带来福音，因此尊称她一声“先生”，又因她在娘家排行老六，就称为“六先生”，王杨氏这个称呼反而没人叫了。

六先生祖上世代行医，到处救治病人。据说六先生的祖父还有悬丝诊脉的独门绝招：不用接触病人，只需在病人手腕处系上一条细丝，就能感受到病人脉象的异常，从而作出诊断。这个功夫在现在看来或许可行性并不高，也没什么必要，但在过去，闺阁女子一步不能踏出闺房，即使找大夫上门问诊，也要隔着重重帷帐。中医向来讲究“望、闻、问、切”，这样的限制给问诊带来了不少麻烦，问诊的效果也可想而知，不会太好。因此，不少家境欠佳的女子干脆讳疾忌医，有了病也只是忍着，以免招来闲话。六先生祖父这个绝招解决了很多女子生病以后不敢求医问药的难题，化解了诸多窘境。据传，六先生的祖父甚至靠此绝招成为大帅张作霖的随军医生之一,六先生的祖父品行端正，医术精湛，为大帅和大帅身边的人解除了不少病痛。

杨家的医术本来是传男不传女，但六先生天生聪慧，好学上进，并不满足于做个普通的闺阁女儿，虽然家里早早为她定下了人家，但她并不想以后只做个煮米洗衣的村妇，而是渴望像家里的男儿一样，治病救人，造福百姓。

每次六先生的祖父行医问诊，六先生就在一旁偷偷观摩，默默学习。开始，六先生的家人觉得她年纪小，愿意在旁观看也不是什么大事，没想到六先生悟性惊人，后来竟自己总结出一套秘方，治好了不少怪病。

杨家人又是可叹又是可惜，叹的是六先生这么小的年纪，却显现出如此高的天赋，可惜的是六先生毕竟是女孩子，在当时的社会环境下，女孩子做大夫，要承受不小的舆论压力。

后来六先生嫁到寺儿堡镇的王家，继续行医救人，好在夫家开明，知道六先生做的是积德积福的善事，并没有什么怨言，反而全力支持。

当时寺儿堡附近流行一种顽疾，得病的人身上会起密密

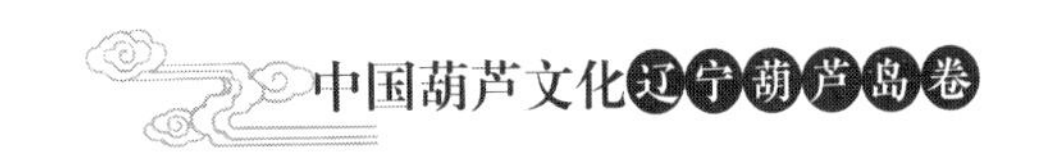

麻麻的小水疱，小水疱之间互相紧挨着，且沿着腰间盘旋行进，形状就好像腰上盘了一条蛇一样，因此当地人称这种病叫盘蛇疮。

其实所谓的盘蛇疮，就是我们现在所说的带状疱疹，是一种由病毒感染产生的急性皮肤病。虽然带状疱疹不至于致死，但病人出了疹子后，痛感非常剧烈，还伴随着发烧、全身乏力等症状。抵抗力差的病患，疹子经久不退，饱受折磨，不及时医治，还会产生出血、失明等严重后遗症。

当时的医疗水平还是比较落后的，村民对很多未知的疾病心存恐惧，时间久了，就生出不少谣言，民间甚至有“盘蛇连成线，性命就不见”的说法。

六先生多年来潜心钻研，试过无数药方，终于找出医治盘蛇疮的方法。经她医治过的病人，不出一周，痛感明显解除，不出一个月，症状就完全消失。

更难得的是，六先生治病救人不图名，不为利。只要是寺儿堡附近的村民得了盘蛇疮，六先生都会带着药葫芦，主动上门问诊，不怕辛苦，不怕困难。一些家庭贫困的村民，在六先生那儿看病是不需要交钱的，只待病痊愈，随便送些自己种的粮食果蔬，聊表心意即可。

时间久了，六先生声名远播，在整个锦西地区人皆称道她是难得的好大夫。有次县里的官员得了盘蛇疮，也有人推荐六先生来问诊。六先生从寺儿堡赶来，也不休息，连夜问诊，果然药到病除，没多久就恢复如常。

后来，大帅张作霖听说了六先生的故事，甚为感动，亲派副官前往寺儿堡为六先生颁发一枚象征荣誉的银盾，以此表彰六先生的高明医术和高尚品德。

时任锦西县公安局局长的范景玉闻听六先生的医德医风后，也令人制作了一块红底蓝字的木匾，木匾长1米，宽0.4米，上面题写“才德可风”四个大字，派人敲锣打鼓地送到六先生家里，悬挂在六先生家的门楼上，以昭示后人。这块匾如今收藏在王家后人手中，希望祖先的高尚品德一代一代传承下去。

第四章 中国葫芦农创文化的创新发展

葫芦岛是葫芦文化的天堂，近年来，我国经济快速发展，人们在吃好住好的基础上，更寻求精神上的愉悦和满足，这也为以葫芦为主题的工艺产品和文化旅游制造了商机。

葫芦是葫芦岛人的文化图腾，葫芦岛以悠久的葫芦种植历史和深厚的葫芦文化当选为“中国葫芦文化之乡”。以葫芦农业种植为基础的中国葫芦农创文化近年来更是成为连山区寺儿堡镇乃至整个葫芦岛市的产业发展重点。具体来说，良好的葫芦种植基础为葫芦文化和葫芦产业传承提供了支撑，为葫芦岛的经济发展提供了新的增长点。精致的葫芦烙画为非遗传承人提供了品牌创意基点，为葫芦玩家提供了精神乐园，也带动了当地葫芦古玩城的发展；盛京满绣将特色葫芦文化与非遗满绣技艺相结合，既带动了盛京满绣的传承发展，也为寺儿堡村民提供了不少宝贵的就业岗位，使他们免于外地务工两地奔波之苦；以葫芦古镇为代表的集吃、

喝、用、住、游玩为一体的文化旅游项目，不仅将葫芦的功用性能发挥到极致，更是以葫芦文化和本地民俗作为亮点和特色，拉动当地旅游业的发展。

更难能可贵的是，以葫芦古镇为依托的诸多文化活动，比如葫芦文化节和关东民俗雪乡冰雪节，不仅增强了葫芦古镇的吸引力和乐趣性，更是对整个城市的形象都进行了包装，在葫芦岛“关外第一市”的标签上又增加了“葫芦文化”“关东民俗”等新标签，对于其形象的打造大有裨益。

进入21世纪第三个十年，全面建设社会主义现代化国家的任务已踏上新征途，为了贯彻党和中央乡村振兴战略，连山区寺儿堡镇积极发展葫芦农创产业，促进相关产业传承，开拓创新，不懈努力，为乡村特色产业发展贡献力量。

第一节 葫芦岛的工艺葫芦产业

葫芦圆润美观，本身就有很高的审美价值，但聪慧的中国人对美的追求是无止境的，绝不仅仅满足于使用来自天然的葫芦，而是要用灵巧的双手和无穷的想象力，为葫芦披上华美的外衣，工艺葫芦因此而诞生。

所谓工艺葫芦，就是在葫芦生长过程中加以特殊塑形，成熟后摘下来，雕刻图案，涂以油漆，制成各种工艺品。一方面，葫芦经过特殊工艺手法的处理，可以有更多的形状和更广泛的用途；另一方面，经过工艺处理的葫芦更加赏心悦目，与文化的关联也更加紧密。

我国自古就有制作工艺葫芦的历史，文学作品中也多有记载。明代冯惟敏曾有诗句：“灵匏声价重鸥夷，盘古流传混沌皮。”清代乾隆帝也有不少吟咏葫芦的诗句，如：“壶卢碗逮百年矣，穆如古色含表里。摩挲不忍释诸手，康熙御玩识当底。”（《恭题壶卢碗歌》）

虽然古时的工艺手法如今难以完全模仿复原，但人们对于美的追求是一致的，对于工艺的传承是坚定而执着的。

葫芦岛人对葫芦工艺的认识，可以说是深入血液的。在葫芦岛诸多葫芦工艺中，最让他们引以为豪的就是葫芦烙画工艺。

葫芦岛的葫芦烙画，是集中国画、中国书法和传统烙画于一体的民间美术工艺品。葫芦烙画，又称火画葫芦、火笔葫芦、火绘葫芦，从名称上就可以猜到，一般是用高温加热过的烙画笔，在葫芦表皮进行作画。葫芦烙画对葫芦艺人的功底有一定的考验，因为温度不同，所产生的效果也不同，下笔的轻重缓急，都会影响烙画的表现力。一些需要浓墨重彩渲染的地方，葫芦艺人还需要执烙画笔反复烙烫，增加层次。运笔的速度也必须有一定的把控，在烙画笔温度恒定的情况下，运笔速度快，烙出来的颜色浅；运笔速度慢，烙出来的颜色就深。

过去，科技不发达，葫芦艺人一般将铁针插入烧红的香里增温，然后再用增温后的铁针在葫芦表皮作画。铁虽然导热快，但散热也快，温度一低，烙出的颜色就浅。因此，一些年头比较早的烙画，经常出现颜色深浅不一的情况，都是因为铁针烙画笔温度难以把控的缘故。后来，烙画工具不断改革试验，逐渐出现了插电的烙画笔，不仅加温迅速，创作

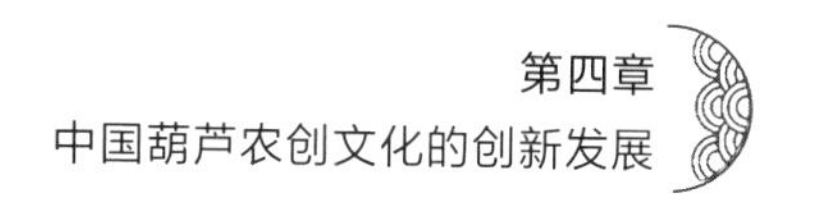

过程中可以有效地把握温度，而且配置了不同粗细的笔头，使过去表现手法较为单调的烙画逐渐演变成融勾勒、描摹、渲染等手法为一体的多元绘画艺术。

葫芦岛葫芦烙画的历史悠久，技艺传承可追溯至晚清至民国初年，传承人是原锦州府的郭氏一族，迄今已是第五代。传承谱系如下。

第一代：郭明（1909—1985），自幼习画，师从何人已无从追述。民国时期从事葫芦美术加工，多在葫芦头上烙制各种龙纹或文字。

第二代：郭守山（1932— ），郭明次子。受父熏染学习葫芦加工制作。时逢日寇侵华，东北沦陷，民不聊生，手工艺品的发展受限受阻。

第三代：郭宝玉（1958—2007），郭守山长子。耳濡目染，学会烙画。在当时的环境和背景下，烙画成为自娱自乐的兴趣爱好。

第四代：郭京文（1981— ），郭宝玉之子。自幼爱好美术，受祖父和父亲点教，16 岁始专攻葫芦烙画。2002 年重拾祖辈旧业，创立“一诺葫芦”品牌，并成立工作室，将祖辈传统烙画技艺传承给徒弟。

第五代：王坤（郭京文妻）、高继华（郭京文徒弟）、潘映雪（郭京文徒弟），三人于 2006 年开始跟随郭京文学习葫芦烙画技艺。

几代人的坚持与专注，终于浇灌出丰硕的花朵，也积攒了一定的名气。特别是第四代传承人郭京文，他出生于 20 世纪 80 年代，也就是人们口中的“80 后”，他年轻，想法新，对新事物的接受能力强，将很多新想法、新理念与传统

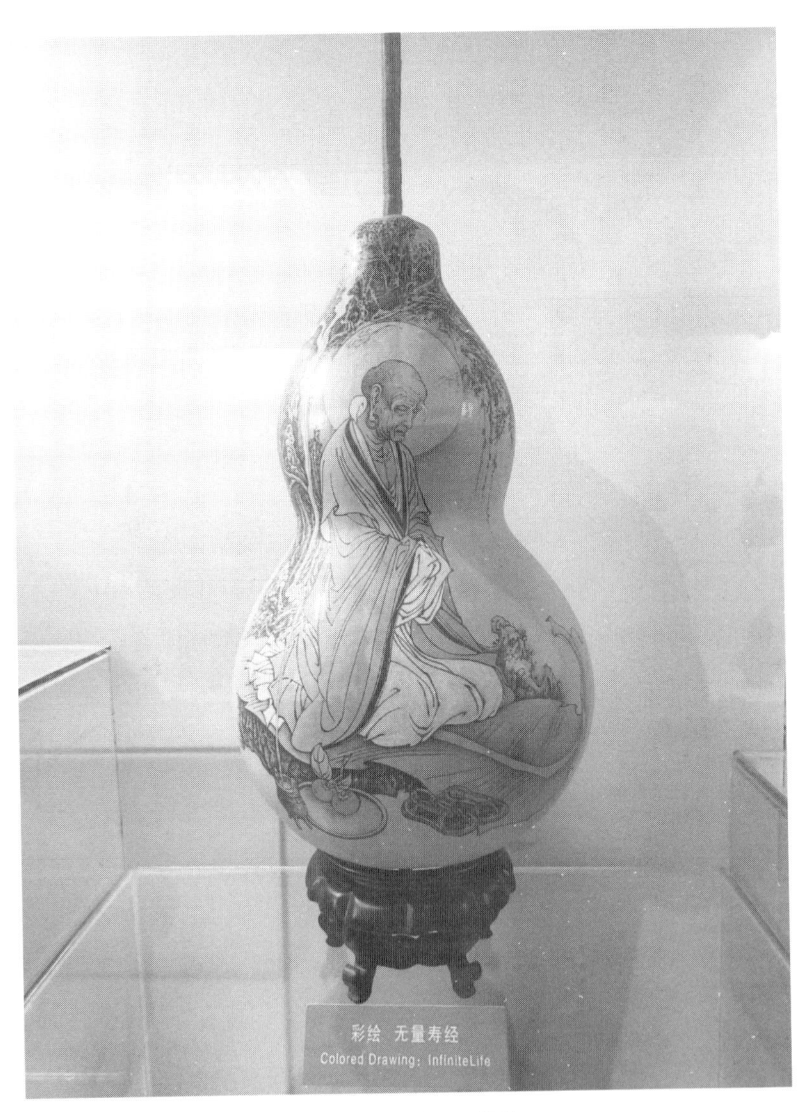

烙画葫芦（唐磊 摄）

彩绘酒葫芦（唐磊　摄）

竹编葫芦水壶（唐磊　摄）

烙画葫芦（寺儿堡镇人民政府供图）

雕刻葫芦（寺儿堡镇人民政府供图）

烙画葫芦（寺儿堡镇人民政府供图）

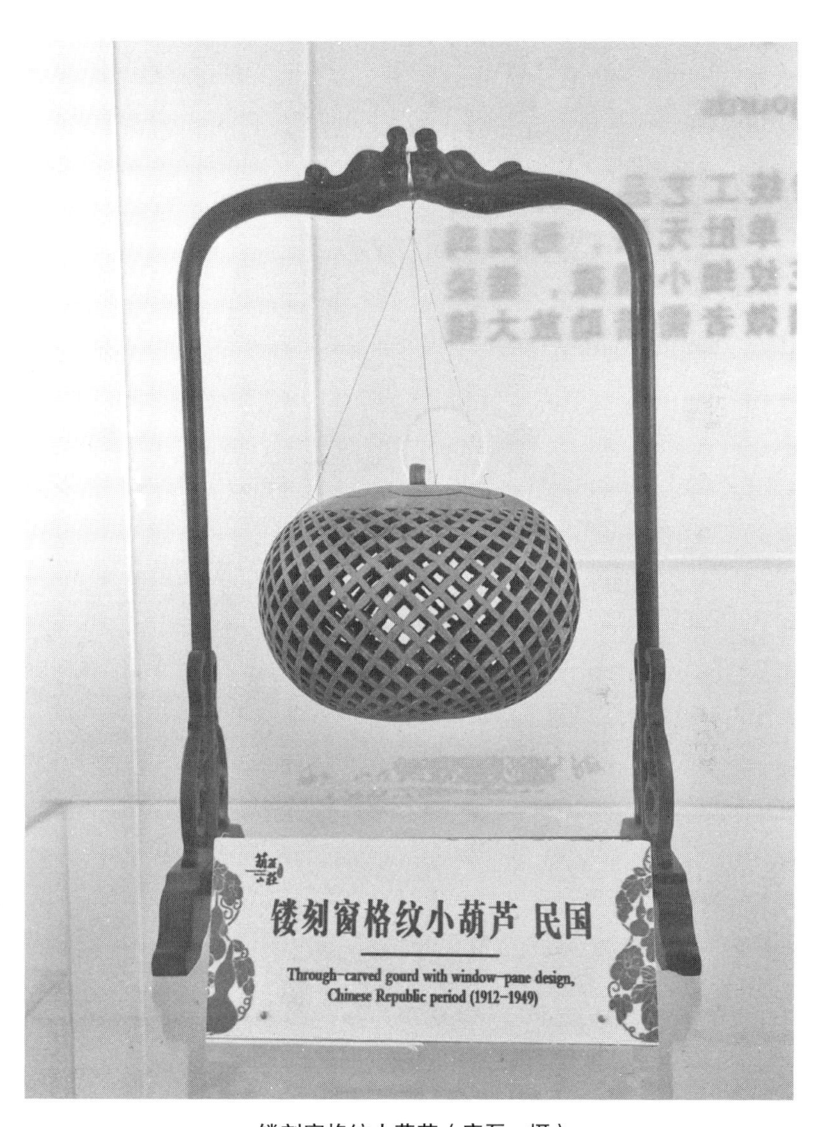

镂刻窗格纹小葫芦（唐磊 摄）

并蒂葫芦（寺儿堡镇人民政府供图）

手工技艺相结合。

郭京文少时开始研习祖业，进而从事专业的葫芦烙画工作。他以天然葫芦为载体，以艺术创新为灵魂，并带领他的团队，历经多年的努力，设计、开发、生产、销售葫芦工艺品，做到了从生产制作到销售终端的“一条龙”服务相结合，创建了“一诺葫芦”品牌，获得了非常傲人的成绩：他们团队的葫芦产品被誉为“辽宁省最具市场潜力产品”；企业则被省妇联指定为“辽宁省妇女手工创业就业基地”。近些年来，郭京文锐意进取，所获大小奖项不胜枚举：

2013 年，产品获辽宁省文化精品展“金奖”。

2013 — 2017 年，连续五年获得葫芦岛市名优旅游商品。

2015 — 2016 年，连续两年入选全国名优旅游商品设计大赛。

2015 年，企业被葫芦岛市评为重点文化企业、葫芦岛市立信单位。

郭京文本人也先后获得“中国优秀包装设计师”“中国优秀青年设计师”“中国文化产业创业创意人才”“葫芦岛市工艺美术大师”等荣誉称号。

2015 年，“葫芦岛葫芦烙画”被葫芦岛市人民政府确立为葫芦岛市第八批非物质文化遗产，郭京文被认定为葫芦岛葫芦烙画非物质文化遗产代表性传承人。

2016 年，葫芦烙画被葫芦岛市人民政府评为“六个一”工程指定旅游商品。

2018 年，郭京文创立的葫芦烙画品牌“一诺葫芦”，被评为“辽宁礼物”。

多年来，郭京文执着于葫芦烙画，传承民间传统美术技艺，在葫芦上大胆创意，并带领他的徒弟们，注重对葫芦烙画这一传统美术技艺的活态传承。

他走入乡村，走进校园，宣传展示葫芦烙画工艺，为此，2018 年 6 月，郭京文被授予“首批葫芦岛工匠”称号，其所在工作室被命名为“郭京文技能大师工作站”。

郭京文还多次代表葫芦岛市乃至辽宁省，参加国内外文化交流，其作品被中国地理标志博物馆、中国葫芦文化博物馆、韩国金大中国际会展中心等多家机构及个人收藏。

葫芦烙画传承人在传授烙画技艺（寺儿堡镇人民政府供图）

葫芦岛葫芦烙画非遗体验活动（寺儿堡镇人民政府供图）

葫芦烙画传承人走进学校（寺儿堡镇人民政府供图）

工艺葫芦在葫芦岛随处可见（唐磊　摄）

第二节　中国葫芦文化之乡

葫芦在葫芦岛地区随处可见，人们吃葫芦、用葫芦、玩葫芦，年深日久，葫芦已经内化为葫芦岛人的血脉和文化。

在葫芦岛，随处可见葫芦状的建筑，路边的路牌也都做成葫芦状。葫芦不仅在很多场合成为葫芦岛的代名词，同时也是此地文化旅游的标志。

葫芦岛还有大型的葫芦古玩城，是葫芦收藏者的乐园。古玩城中，最受欢迎的莫过于文玩葫芦。

文玩葫芦，指的是可以在手中把玩的葫芦。为了易于上手，文玩葫芦越小越好，8 厘米以下的称为手捻葫芦，顾名

葫芦宣传画（寺儿堡镇人民政府供图）

思义，就是小巧玲珑，可以用手指来回搓捻。手捻葫芦一般高度在 4—6 厘米，精品手捻葫芦高度在 3—5 厘米，越是小巧越是难得。把玩葫芦益处颇多，首先，鉴赏葫芦能锻炼人的审美，陶冶情操。不少葫芦玩家还在品鉴葫芦的过程中交到了知己好友，拓宽了社交圈，获得更多生活乐趣。其次，把玩葫芦能促进手指运动，进而活动手上的关节神经，可以起到日常保健的作用，尤其是一些中老年朋友，不适合剧烈活动，经常活动手部关节，也能达到锻炼的效果。

如今，葫芦古玩城中专门经营葫芦的店铺有几十家，店铺中既有常见的葫芦配饰、葫芦挂件，更有专门为玩家提供的精美葫芦艺术品，店主通过交易葫芦实现盈利，玩家则在古玩城中找到精神寄托。

作为葫芦之城，葫芦岛市努力将葫芦文化发挥到极致，除了各种以葫芦为灵感的地标式建筑，葫芦岛人还在大街小巷的墙壁上绘制与葫芦相关的神话传说，最具代表性的就是葫芦创世神话：伏羲女娲受天命，历经洪水劫难而不死，借一瓢葫芦避祸，洪水退去后，又用葫芦籽造人，才有了今日葫芦岛奇特的地貌和融汇在血液中的葫芦文化。对于其他地区的人们来说，神话故事或许只是茶余饭后的消遣，但对于每一个葫芦岛人来说，对葫芦的崇敬却是融化在骨子里的。

通过多年的努力，葫芦岛市以葫芦文化为载体，扎实有效地完善了葫芦文化与葫芦产业链的对接，初步形成集葫芦种植、葫芦文创产品制作与研发、葫芦技艺传承于一体的经营模式。因此，2009 年，原文化部授予葫芦岛市“中国葫芦文化之乡”称号。

葫芦创世浮雕（寺儿堡镇人民政府供图）

特别是，以“葫芦岛葫芦烙画”为代表的葫芦文化产业，已经成为葫芦岛的一张文化名片。

2012 年，“葫芦岛葫芦烙画”被国家商标局核准为中国地理标志商标，成为中国葫芦文化产业第一个地理标志产品。

2014 年，“葫芦岛葫芦烙画”走出国门，参加韩国国际文化创意展，好评如潮。

2017 年，“葫芦岛葫芦烙画”应邀代表辽宁省参加世界地理标志大会，受到世界知识产权组织的肯定，大放异彩。

第三节　中国葫芦农创文化产业前景

中国葫芦农创文化是葫芦岛市连山区寺儿堡镇的文化创意成果，既结合本地种植实际与文化特色，充分彰显地区人民的智慧，同时也符合党和国家进行乡村振兴的主旨和方向。因此，中国葫芦农创文化的发展前景是非常乐观的，连山区寺儿堡镇作为中国葫芦农创文化的起源地，其经验也是值得认真分析和借鉴的。

一、中国葫芦农创文化与乡村振兴

乡村振兴是 2017 年习近平总书记在党的十九大报告中提出的战略。我国是目前世界上最大的农业国之一，农业是人民生存发展的前提，农业、农村、农民这“三农”是关系国计民生的根本性问题。

要实现我国经济整体化发展，乡村是不可忽视的重要环节，原因如下：

其一，农村经济的发展仍然是目前我国经济发展的薄弱环节。虽然已经进入21世纪第三个十年，我国经济有了跨越性的增长，整体实现了小康社会，但相较于城市经济的发展，乡村经济的发展还是相对缓慢的。尤其是西部山区，山地面积广大，土地可利用面积少，气候相对东部较为干旱，天然环境比较恶劣，交通运输不发达，要实现农业经济的大幅度增长，只能依靠人们努力拼搏。

其二，我国农村人口众多，农村面积广大。相较于改革开放之初，今日的农村已经有了翻天覆地的变化，农业生产在国民生产总值中的贡献率逐年下降，我国从改革开放前的农业为主的发展中国家逐渐变为一、二、三产业协同发展的发展中国家，城镇人口比例不断上升，农村“空心化”的现象逐渐成为新的农村问题，同时传统的农业种植所能带来的经济效益不高，很多贫困地区的人们难以依靠传统农业种植改变经济落后的现状。人们一年到头在田间地头付出的辛苦与努力是难以估量的，得到的回报却很有限。于是，很多年轻人迫于生计，只能远走他乡，到大城市打工，留下年幼的孩子和年迈的父母继续在农村苦守。不难想象，孩子没有父母的陪伴，不仅生活上得到的关怀较少，心理上也难有及时的疏导，这些孩子就是近些年来备受媒体和社会关注的“留守儿童”。

针对农村地区的人文关怀和慈善捐款是一方面，更重要的是从根本上发展农村经济，缩小农村与城市的经济差距，创造就业岗位，将农业种植与商业、文化等有机结合，挖掘农村的产业发展潜力，真正实现乡村振兴。

乡村振兴不是简单地喊喊口号，而是要根据当地的农业基础和农业特色，抓住经济增长点，大胆创新，大胆运用网络和新媒体，发展新型农业经济。

针对连山区寺儿堡镇来说，葫芦种植无疑是连山区乃至整个葫芦岛市农业最大的特色，寺儿堡镇以葫芦为核心的中国葫芦农创文化与乡村振兴的精神正相契合。无论是葫娃酒业，还是葫芦烙画、盛京满绣，或是葫芦古镇，都充分利用当地农业资源，挖掘当地的文化特色，在传承传统、保护文化遗产的同时，尝试以产业化的方式拉动当地经济增长，同时为当地村民创造了大量的就业岗位，改变了过去农村人口大量流失的问题。村民无须远走他乡、忍受离别之苦，在家门口就可以轻松就业，为解决农村“空心化”提供了示范性的解决途径。

中国葫芦农创文化的相关产业既带动了当地的经济发展，中国葫芦农创文化也有利于对整体城市形象的塑造。人们对葫芦岛市的印象，更多地停留在“关外第一市”“山海相映”这些标签上，这些标签一般都和葫芦岛的自然地理环境相关，缺乏人文因素，而中国葫芦农创文化正可以对葫芦岛的人文景观有所补充。人们来葫芦岛旅游，不仅可以体验到阳光海滩和海鲜大餐，还可以感受到此处独有的中国葫芦农创文化：吃葫芦宴，喝葫娃酒，赏葫芦花，看葫芦烙画，住葫芦民宿，逛葫芦古镇，品葫芦民俗，买葫芦纪念品，还可以给亲朋好友带几件盛京满绣服饰回去，既美观大方，又具有文化情趣。可以说，中国葫芦农创文化的发展不仅对寺儿堡镇有利，对整个葫芦岛市的旅游业发展都是至关重要的。

二、中国葫芦农创文化与乡村振兴

社会经济的发展是分阶段的。改革开放之初，我国经济的底子整体来说比较差，为了最大化地调动经济活力，党和国家制定了允许一部分人先富起来，让先富的带动后富的，最终实现共同富裕的发展道路。如今，改革开放已经四十余年，在党和国家的正确引领下，我国经济飞速发展，一跃而成为全球第二大经济体，在高科技领域更是创造了一个又一个的奇迹。难以想象，一个基础薄弱的农业国可以在短短几十年间创造出如此辉煌的成绩，这离不开中国共产党的正确领导，离不开全体中国人的共同努力奋进。虽然成绩是显著的，但农业基础还不稳固，城乡区域发展和居民收入差距仍然较大，城乡发展不平衡、农村发展不充分仍是社会主要矛盾的集中体现。

我国一线城市人均收入与西方发达国家的差距越来越小，不少过去奢侈的“洋名牌”人们也能轻松消费，甚至在海外不少奢侈品店，华人是主要的消费群体。过去一些“高高在上”的品牌越来越重视中国市场，推出的产品也越来越注意迎合华人的喜好，一些国际性秀场中出现的华人面孔也越来越多。说到底，这些都是由于我国经济飞速发展，能够消费得起高端产品的人越来越多。

然而，不可否认，在我国许多三四线城市和农村地区，人均收入仍然偏低。

从整体上来看，这些地区缺乏支柱性产业，没有特色的种植或养殖项目，发展方式过于传统，传统农业种植也没有与网络新媒体相结合。举例来说，在一二线城市，人口密集，对于许多农副产品的需求量是巨大的，但当地线下的农副产品销售点产品质量往往并不高，难以达到消费者的要求，这就为产地实现线上销售创造了机会。另外，一些城市过去靠重工业发展经济，造成相当严重的环境污染，且矿产资源过度开采也造成了土地下陷。以损害环境和过度消耗资源为代价的发展并不值得提倡，生态文明建设已成为国之重策，是关系中华民族永续发展的根本大计。绿水青山就是金山银山，因此，在兼顾生态环境保护的前提下，寻求特色产业的发展才是我们应该思考的问题。

从个体角度来看，不少残障人士或是贫困地区的年轻人，他们或是因为身体的限制能选择的工作机会较少，或是因为过去受教育的机会有限，缺乏谋生的技能，只能远走他乡靠出卖体力赚钱。虽然九年制义务教育在我国已经实行多年，但仍有一些人草草结束义务教育之后，便加入社会劳动，早早扛起家庭的重担。

要改变以上这些现象，最根本的还是加快经济发展的步伐，减少地区经济差距，提高人均收入。“仓廪实而知礼节，衣食足而知荣辱”，人们只有在生活富裕的状态下才能去顾及自身以及周围人的身心发展状况。很多社会问题的出现并非偶然，而是由当时的社会环境促成的，要改变一些现象，仅仅呼吁个体的改变是远远不够的，只有从根本上改善社会环境，才能制止问题的发生。

社会环境的改善，落实到葫芦岛市，就是充分利用本地文化资源，发扬中国葫芦农创文化，一方面巩固葫芦农业种植基础，建立实验室，推广葫芦试验田，研发葫芦品种，提高葫芦种植效率，另一方面，将葫芦农业种植与文化包装对接，梳理当地葫芦文化脉络，并应用到文化旅游与对外招商引资中去。这样，不仅可以拉动当地经济增长，同时创造大量就业岗位，繁荣了农村，热闹了农村，大大地促进了社会和谐发展。

第四节　中国葫芦农创文化产业规划*

2022 年 1 月 4 日，中共中央、国务院发布 2022 年中央一号文件《中共中央国务院关于做好 2022 年全面推进乡村振兴重点工作的意见》。其指出，鼓励各地拓展农业多种功能、挖掘乡村多元价值，重点发展农产品加工、乡村休闲旅游、农村电商等产业。支持农业大县聚焦农产品加工业，引导企业到产地发展粮油加工、食品制造。推进现代农业产业园和农业产业强镇建设，培育优势特色产业集群，继续支持创建一批国家农村产业融合发展示范园。实施乡村休闲旅游提升计划。支持农民直接经营或参与经营的乡村民宿、农家乐特色村（点）发展。将符合要求的乡村休闲旅游项目纳入科普基地和中小学学农劳动实践基地范围。实施"数商兴农"工程，推进电子商务进乡村。促进农副产品直播带货规范健康发展。开展农业品种培优、品质提升、品牌打造和标

* 此节内容为寺儿堡镇人民政府撰写的中国葫芦农创文化产业规划，编入本书时对部分文字进行了修改。

准化生产提升行动，推进食用农产品承诺达标合格证制度，完善全产业链质量安全追溯体系。加快落实保障和规范农村一二三产业融合发展用地政策。

寺儿堡镇将通过葫芦文化产业策划方案，探索农业产业创新、振兴乡村铸辉煌，真正将葫芦文化打造成当地拳头产业，为全面建设社会主义现代化国家添砖加瓦。

葫芦岛市连山区寺儿堡镇葫芦文化产业规划策划方案是由葫芦岛市连山区寺儿堡镇人民政府和起源地城市规划设计院共同策划完成的规划方案，前期进行了大量的市场调查、政策梳理和形势分析，参考已有的成功案例，确定以葫芦农创文化为基础的文化旅游项目具有广阔的发展前景和巨大的盈利空间，以此为基础形成葫芦文化产业规划策划方案。以下具体介绍该方案的项目背景、建设意义、市场分析、项目优势、项目规划、产业布局等。通过具体方案的呈现，展现葫芦农创文化产业的先进理念与创新思维。

一、项目背景

（1）国家大力推进农业转型升级。积极响应国家号召，大力推进农业转型升级。新理念引领全国农业发展稳中有进，创新现代化农业体系格局，是打破农村发展的瓶颈，充分调动广大农民的积极性、主动性、创造性，以文化附加值为理论核心，瞄准葫芦农业技术发展前沿，着力构建葫芦农业文化创意体系。寺儿堡镇葫芦文化产业成为一个品牌，这是时代的产物，也是历史的必然。

（2）农业产业正在迸发机遇。从全球范围来看，农业文创是未来的重点战略产业，随着经济社会发展和人民生活水平不断提高，回归自然、贴近自然、融合自然的农业文化创新作为一种新的旅游方式应运而生，越来越受到游客的青睐，逐步成为游客最多、人气最旺、条件最方便的旅游选择。大力发展农创文旅产业是提升葫芦岛市文化旅游核心竞争力的必然要求，具有重要战略意义。

（3）国家对特色农业产业的建设给予了肯定和支持。为进一步加强和规范我国农业组织创新与产业融合发展项目管理，提高项目资金使用效益，中华人民共和国农业农村部2018年1月印发《农业组织创新与产业融合发展项目资金管理办法》，充分发挥资本市场作用，促进农业产业化发展，发挥资本市场在乡村振兴中的积极作用，盘活乡村特色农业资产资源，调整优化农业产业结构，促进农业创新转型升级。

二、建设意义

（1）新模式促进本地经济转型升级。葫芦岛市是全国唯一以葫芦命名的城市，中国葫芦文化重要起源地、中国葫芦农创文化起源地两大课题项目落户葫芦岛，寺儿堡镇葫芦文化产业进一步拓展葫芦农业产业创新、资源整合，解决葫芦岛市当前旅游业发展面临的突出问题，积极打造葫芦岛市乃至辽宁省地标，建设集休闲、度假、体育、文化、青少年露营等多种相关产业于一体的农创文旅新业态，将成为推动葫芦岛市产业转型升级的重要突破口和新的经济增长点，对促进葫芦岛市文化旅游、经济建设、人口就业等发挥示范带动作用有着重要的意义。

（2）新理念重构全国农业格局。受到全球新冠肺炎疫情的冲击，世界经济复苏缓慢，气候变化挑战突出，我国经济社会发展各项任务极为繁重艰巨。国家持续推进农村一二三产业融合发展，并促进农民就地就近就业创业。乡村旅游现已成为推进城乡基础设施和城乡生态环境建设的新载体，帮助农民增收致富的新渠道，促进农村经济结构调整和特色经济发展的新动力，转移吸纳农村剩余劳动力的新途径，提高农民素质、加强农村精神文明建设的新形式，其发展对于构建社会主义和谐社会，促进人与自然和谐相处、人与社会和谐相处都具有重要的意义。

三、市场分析

如今，繁忙的都市生活使近郊旅游成为时兴的旅游方式之一，时间不长，但所得甚多，其中尤以农家乐最为常见。坐落在城市近郊的农家乐，目前已发展出休闲娱乐、农业观光采摘、农业文化、农家菜等特色，是城市家庭周末度假的好去处。

相关的成功案例也不胜枚举。比较著名的有主打野奢的浙江莫干山裸心谷和主打田园生活的无锡田园东方。具体来说，莫干山裸心谷面积 300 亩，总投资 1.5 亿元，每年接待游客人数约 8 万人，年收益超过 1 亿元。莫干山裸心谷最初只是几间田园民宿，后来根据所在地莫干山的特点，将酒店客房分散地安排在山谷、树林、溪流之间，在清新自然的野外，让人们享受现代生活的舒适与便利。无锡田园东方的投资规模更大，占地6242亩，总投资50亿元，每年接待游客200万人，年收益3.4亿元。相对于莫干山裸心谷，无锡田园东方更注重游客的田园生活体验，因此设置了不少田园采摘和农业休闲观光等项目，突出“田园生活”这一主题。常年在办公室忙碌的白领们可以借此重温田野、回归童年。以上案例都可以作为葫芦文化产业规划策划方案的参考。

四、项目优势

1. 项目选址

葫芦文化产业规划策划项目位于辽宁省葫芦岛市连山区寺儿堡镇，以老边村为核心向四周辐射。“一小时生活圈”包含了秦皇岛、朝阳、锦州等城市；“两小时生活圈”涵盖了沈阳、大连、承德、唐山、赤峰、本溪等城市；“三小时生活圈”包含了北京、天津、烟台、威海，此地可说是京、津、冀、辽、蒙、鲁六地核心地带。

2. 项目交通

境内有京哈高速公路、葫芦岛至朝阳省级公路。寺儿堡镇距离锦州湾国际机场60千米，距离高铁站葫芦岛北站10千米，距离葫芦岛港25千米。地理位置十分优越，海、陆、空交通便利。每年京、津、冀、辽、蒙、鲁客流可达5000万人次。

3. 项目综述

葫芦文化产业规划面积约6000亩，紧紧围绕五里河，结合当地产业特色和资源优势，紧跟华北地区旅游、出行、娱乐需求，将传统农业与文化创意产业相结合，有效地将文化、科技、农业要素相融合，把传统农业发展为生产、生活、生态为一体的葫芦农业全产业链集群。

4. 开发现状

葫芦文化产业规划位于农田基本保护区内，发展绿色生态的农业文化创新产业，不仅符合国家用地规划，同时大力改善了周边的生态环境，提高了当地居民的生活质量，同时增加了葫芦岛市旅游的吸引力，提升了葫芦岛市旅游的影响力，也为周边旅游行业提供了机遇与助力。顺应天时、地利、人和，市、区、镇、村四级联动，实现全国首个葫芦农创综合体。

5. 农业资源

寺儿堡镇地处辽西丘陵区和近海岸岛屿区，具有重要的生态功能，属于丘陵地区，多为低丘和黄土岗地，海拔50—200米，坡度6° —15° ，土质多为低丘性黄土和黄沙土，适合种植粮豆、花生、地瓜和果树。现家家户户都种植葫芦。

6. 旅游资源

寺儿堡镇地处辽西走廊，东部濒临渤海，南部毗邻兴城古城。依山傍海，周边众多具有悠久历史、文化厚重的旅游景区。

7. 文化资源

寺儿堡镇拥有红山文化、玉文化、长城文化、抗战文化、岳家文化、葫芦文化、满族文化、喜文化、起源文化、孝道文化等多种文化资源。和葫芦有关的佟娘娘传说至今广为流传，有众多具有历史底蕴的文化资源背景，发展葫芦文化具有得天独厚的条件。

五、项目规划

1. 项目思路

目前，葫芦岛市文化旅游工作面临着良好的发展局面，文化旅游已被定位为其第五大支柱产业，在政府的强力支持推动下，各企事业单位发展旅游的热情也是空前的。葫芦农创将成为葫芦岛市文化旅游产业发展的新引擎，具体的发展思路有以下几个方面：

（1）以城乡统筹、城乡一体、产城互动、节约集约、生态宜居、和谐发展为基本特征的城镇化。开发非农用地、保护生态环境，解决农村剩余劳动力，促进城乡和谐发展，为振兴乡村战略贡献力量。

（2）以葫芦文化为核心的“四位一体”发展模式。按照增加农民收入、扩大农村劳动力就业的要求，与新农村建设、美丽乡村、生态农业、旅游业发展结合起来，逐步形成政府主导、农民为主体、部门配合、全社会积极参与的发展格局。遵从文化、体育、旅游、美食、城乡一体化的发展模式，以低碳、环保、利民为准则，带动当地产业、旅游、经济发展，不仅在辽宁省占据重要旅游地位，还要走向全国，引领全国农业创新，并与国际其他农业文创产业共享国际知名度。《中华人民共和国国民经济和社会发展第十四个五年规划和2035年远景目标纲要》指出，发展县域经济，推进农村一二三产业融合发展，延长农业产业链条，发展各具特色的现代乡村富民产业。推动种养加结合和产业链再造，提高农产品加工业和农业生产性服务业发展水平，壮大休闲农业、乡村旅游、民宿经济等特色产业。加强农产品仓储保鲜和冷链物流设施建设，健全农村产权交易、商贸流通、检验检测认证等平台和智能标准厂房等设施，引导农村二三产业集聚发展。完善利益联结机制，通过“资源变资产、资金变股金、农民变股东”，让农民更多分享产业增值收益。

（3）大规划，小切入。充分利用现有资源，节约成本，环境保护并行，从本地实际出发，因地制宜，遵循规律，体现区域差异性，提倡形态多样性。根据区域要素特点和比较优势，挖掘本地最有基础、最有潜力、最能成长的特色产业，打造出具有可持续竞争、可持续发展特征的独特产业生态，建立起葫芦农业文创特色产业，最终打造出一个绿色化、主题化、全民化、国际化的特色葫芦农创产业链。

2. 项目目标

通过寺儿堡镇葫芦文化产业规划，发展葫芦岛市文化旅游产业，带动当地经济发展，传播葫芦文化。同时，项目内一大核心区、十三大主题园区将满足各类人群的旅游需求，可承揽各类体育赛事、文化活动、夏令营、亲子体验活动、汽车自驾游、水上娱乐观光、生态采摘园、特色露营基地、酷夏避暑基地等，最终建设成为一个可持续竞争、可持续发展的国际化葫芦农创田园综合体。

推动葫芦岛当地经济发展与转型升级。葫芦农业文化产业作为当地经济的新增长点，在经济建设、人口就业等方面发挥区域内的示范带动作用，实现人与人、人与自然、人与社会的和谐共生，带动当地就业，解决农村以及当地剩余劳动力问题，提高农村地区基础设施建设，改善当地生态环境。

3. 实施效益

（1）社会效益：以产兴城、以城促产，实现产业集聚区与城镇布局相融合、人口板块与经济板块相协调。相关产业的蓬勃发展也会有一定示范效应，打造特色鲜明的葫芦文化产业，对葫芦岛市产业转型意义非凡，同时对全省乃至全国农业产业发展提升也具有积极示范作用。（2）经济效益：农民致富，提供就业岗位 1000 个以上，居民年均收入增加 1.2 万元，地方区域经济发展促进地方政府财政增收。（3）生态效益：通过整治改造，盘活存量资源，提升平台承载能力，推动产业集中集聚，改变体系零散乱的布局形态。设立新的产业标杆，以技术革新和流程再造转变传统产业模式，实现产业绿色化、智能化、标准化、平台化，创造产业发展与环境保护共赢局面。

六、产业布局

打造葫芦农创文化，农业种植是根基，因此，最重要的是要扩大葫芦种植优势。引进上百种葫芦种植，食用葫芦、用具葫芦、观赏葫芦、范制葫芦、艺术葫芦、文玩葫芦以及西瓜、南瓜、黄瓜、丝瓜等常见的葫芦科品种，打造齐全的葫芦种植基地及研学基地。

同时，邀请赵伟、王国伟等葫芦文化艺术大师入驻主题文化工作室，打造全球最大、最具影响力的葫芦艺术创作的基地之一。

另外，通过建设一系列葫芦文化园，讲好葫芦文化故事。葫芦是中华民族最原始的吉祥物之一，葫芦不但在古代人民的物质生活中占有重要地位，而且与文学、艺术、宗教、民俗、神话传说乃至政治等关系也十分密切，围绕葫芦所形成的种种文化形态，是构成中国传统文化的一个重要组成部分。中国几千年的灿烂文化博大精深，葫芦文化经历数千年的历史积淀，以其独特的历史渊源、深厚的文化内涵以及广泛的群众基础，在现代文化中仍占有重要的地位。葫芦谐音“福禄”，加之葫芦多籽，寓意多子多福。葫芦文化，蕴含福禄寿喜财，蕴含了中华文化所有的寄托。建设福文化园、禄文化园、寿文化园、喜文化园、财文化园，将福、

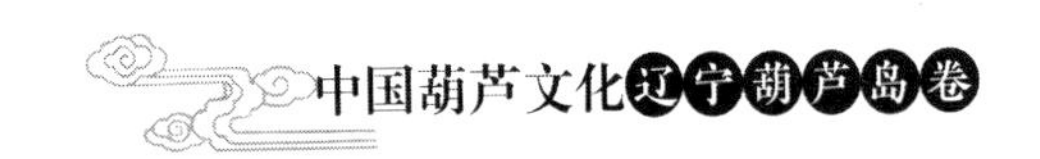

禄、寿、喜、财文化园打造成葫芦文化的象征，成为举办各种生日宴会、满月酒、中式婚礼、乔迁之喜等各种宴请聚会的常选之地。打造全国最大的葫芦文化展馆。

具体来说，方案规划分“一核、一轴、一带、十三区”，即一个核心点，一条产业发展轴，一条生态走廊带，十三个功能区域划分：天池木屋营区、山顶景观区、多彩葫芦种植区、葫芦文化大师工作区、花海婚纱摄影区、露营区、民宿区等。另外，园中路脉发达，南北皆通，文化景观丰富，水系畅通，绿化面积广阔。在风格设计上，既有田园之野、品质之奢的野奢，也有清风袅袅、山川沐雨的特色露营；既有且听风吟、静待繁星的星空木屋，也有行至朝暮里、坠入暮云间的蒙古包露营。最重要的是，还有最能体现葫芦农创文化的葫芦文化活动，既展现本地特色，更弘扬传统文化。

在具体实施过程中，涉及房屋改造、河道改造和农田改造。房屋改造包括改造原有民房，保留乡村韵味，利用现有的农林，打造静谧、休闲、绿色的民宿区。河道改造包括将现有的五里河河道改造成生态、自然、亲水的景观滨江大道。农田改造包括将现有农田与景观空间相结合，打造一个集趣味、科普、生产于一体的体验式田园景观。

在实施过程中将分一期和二期工程两个阶段来完成。一期工程以葫芦种植为核心，打造与葫芦种植相关的文化产业体验园区，如葫芦广场（巨幕、夜游）、葫芦环廊、农创馆、葫芦农业种植区、葫芦印象花海等。二期工程以葫芦文化为核心，致力于挖掘葫芦的文化底蕴，如吉尼斯葫芦地标、福禄寿喜文化景观大道、研学拓展基地、葫芦创意区。

结 语

葫芦在不少国家都被广泛种植，在我国被赋予了丰富的人文内涵和时代精神，人们种葫芦、吃葫芦、用葫芦、挂葫芦、玩葫芦，更充分利用智慧的头脑，创造出无数与葫芦相关的诗词、传说，灵动的语言和丰富的想象力，至今读来，仍让人颇为动容。

葫芦常见易得，与葫芦相关的谚语、故事数不胜数，融会在人们的生活和语言中，因此，可以毫不夸张地说，葫芦已经成为一种不可忽视的文化现象。当人们吟咏与葫芦相关的诗词时，当人们不假思索地用葫芦祈福时，当人们脱口而出“你葫芦里卖的什么药”时，我们无法再简单地仅将葫芦作为一种器物来看待。

连山区寺儿堡镇，位于渤海之滨的葫芦岛市。葫芦岛市，因为状似葫芦而得名，更巧合的是，葫芦岛不仅状似葫芦，也是著名的葫芦产区，拥有丰富的葫芦农业资源。连山区寺儿堡镇，不仅拥有两百多亩的葫芦种植面积，还在本地开辟了不少葫芦试验田，大胆尝试新的葫芦品种和新的种植方法，勇于创新，反复实验，为葫芦种植作出了杰出的贡献。更难能可贵的是，寺儿堡镇在葫芦农业种植的基础上，积极开发与葫芦农业种植相关的文化创意产品，借此拉动农村经济增长，进而形成特色的中国葫芦农创文化。以葫芦酒、葫芦宴、葫芦工艺品、葫芦民宿等为代表的农创产业为农村经济注入新的动能和活力，带动了葫芦文化旅游的发展。一系列葫芦文化活动的举办，进一步提高了葫芦岛作为“中国葫芦文化之乡”的知名度，具有较大的宣传力与地域辐射能力。因此，将葫芦岛市连山区寺儿堡镇认定为中国葫芦农创文化的起源地是合理的，而中国葫芦农创文化起源地的认证也将进一步促进寺儿堡镇葫芦文化的发展。

寺儿堡镇的中国葫芦农创文化并非无源之水，而是与其深厚的历史文化底蕴息息相关的。由盛世大唐到乱世民国，寺儿堡镇以独特的方式在各个历史时期留下了印记，而这些印记都与本地特色的文化符号——葫芦相关。与高居庙堂的士子文人不同，百姓们习惯于以口耳相传的方式记述历史，在口耳相传的过程中，人们或自觉或不自觉地加入个人的想象，以此给口述历史打上个人化与地域化的特色。久而久之，简单的历史故事变成越来越夸张的民间传说，而当时社会所流行的道德观、价值观等也都自然而然地融进这些民间传说中。所以，从这个角度来说，民间传说是极虚的想象与极端的真实相结合：虚的是具体细节，真的是故事中所蕴含的价值判断与人生期望。

在这些传说故事中，葫芦或是转败为胜的道具，或是求仙问道的标志，或是祈求福禄的吉物，或是神奇的解水患法器，或是可以化生精灵的母体，或是民间奇人的日用配饰，或是悬壶济世的象征……关于葫芦的种种可能性，尽在这些民间传说中体现。具体细节虽常有变形和夸张，但传说中所体现的寺儿堡人与葫芦割舍不断的情缘是真的，对生活美好的想象和盼望是真的，并且都与生活密切相关。可以说，寺儿堡镇的葫芦文化在这些民间传说故事中得到了淋漓尽致的展现。

迈入21世纪，连山区寺儿堡镇以中国葫芦农创文化为基础，积极响应党和国家乡村振兴的号召，以文化发展带动产业腾飞，在增强文化自信，增进中华民族认同感的同时，以高水准、大手笔、外向型的策划原则，打造具有广泛知名度和世界影响力的中国葫芦文化、中国葫芦农创文化品牌活动，增加入境旅游份额，使中国葫芦文化、中国葫芦农创文化系列活动成为葫芦岛市文化旅游业发展的展示窗口。将葫芦种植与一二三产业联系起来，可以大大拉动招商引资，增加大量本地就业岗位，从根本上解决本地村民就业难、务工难的问题，以经济和社会的整体发展减少社会和家庭矛盾，促进和谐社会的建设和发展。

后记

从人类发展的历史规律来看，任何一个民族，步入繁荣兴盛的新阶段，都会伴有文化的复兴，而每一次复兴都有一个共同点，那就是他们的文化重心会回到这个民族历史文化的源头，也就是起源文化。对起源文化的探究，会让一个民族寻回自身的文化基因，从文化中获得警示，从文化中汲取力量，从民族根性文化和源头文化之中去挖掘原生的动力和潜力，然后得到再创造、再发现、再前进的源发性活力与动力。

循着这一思路，《中国起源地文化志系列丛书》按照主题梳理各类物质、非物质文化现象的起源和发展，将该文化现象的历史溯源、地理环境、发展脉络、时空传播、资源特色、民俗特征、品牌成长等进行系统挖掘整理，以文化起源及其生长、发展、演变为核心，通过组织相关学科专家学者开展实地田野考察、综合史料典籍加以分析，形成科研成果报告式著作，并对起源地文化的保护、传承、产业发展提出大量切实可行的建议，具备重要的科研、科普、教育、收藏价值，可为地方文化产业发展、知识产权保护提供思路和案例，并为区域经济社会发展和城市建设提供参考。

该丛书吸收国内各相关学科专家学者组成专家智库，负责选题策划、专题研究、田野考察和成果论证，努力为形成文化起源地研究智库作出探索。

中国葫芦文化重要起源地研究课题组专家对本书的编写与修改完善给予了悉心指导和严格把关，提出了很多宝贵建议。同时，本书还征求了广大专家学者、葫芦文化研究者和爱好者的意见。在此，向课题组专家、学者、葫芦文化研究者和爱好者表示感谢。

葫芦文化、葫芦农创文化凝聚着中华民族的智慧，是中华民族文化基因的重要组成部分，承载着中华文明的价值风范和新时代对美好生活向往的愿景。葫芦是最能体现中华民族特色的植物，葫芦农创是最能体现葫芦文化发展创新、农业发展创新的载体，葫芦和葫芦农创拥有丰富的文化内涵，其起源、演变发展也是中华文明史的发展历程。《中国起源地文化志系列丛书》之《中国葫芦文化·辽宁葫芦岛卷》对于深入挖掘中华民族优秀传统文化蕴含的思想观念、人文精神、道德风范，实现创造性转换创新性发展，让中华文化展现出永久魅力和时代风采具有划时代意义。

《中国起源地文化志系列丛书》之《中国葫芦文化·辽宁葫芦岛卷》的编写系公益性的学术研究，是一批志同道合的葫芦文化和葫芦农创文化爱好者和研究者对葫芦文化和葫芦农创文化的起源、发展脉络、研究成果等进行了相对系统的梳理，旨在对葫芦文化和葫芦农创文化的相关研究、保护和创造性转化创新性发展提供一定的资料和建议参考。由于时间和参与人员的知识、能力有限，难免会出现疏漏和谬误，敬请广大读者批评指正。本书参考了大量专家的学术成果，部分图片和文献来自网络，除了文中注明的参考文献和专家名字外，有的未能与作者取得联系，如有版权问题请及时与编者联系，再版时一并更正、一并感谢。

葫芦文化和葫芦农创文化源远流长，葫芦文化和葫芦农创文化的研究是葫芦文化传承与创新的重要实践，并将随着时代的发展历久弥新。未来，愿我们一道继续研究、传播、发展葫芦文化和葫芦农创文化，讲好中国故事、讲好葫芦文化故事。

刘德伟　李竞生

二〇二二年三月于北京

起源地文化传播中心简介

起源地文化传播中心于 2015 年 11 月正式批准成立，以“探寻中华起源，增强文化自信”为宗旨，主要职责是组织中国起源地智库专家研究梳理各物质、非物质文化的起源，跟踪中国起源地文化动态，把握中国起源地文化发展理念、趋势、机制和特点，就中国起源地文化的发展，各区域内的物质和非物质领域等进行实地调研和发展策略研究，是起源地文化产业研究与发展的专业机构。

起源地文化传播中心紧紧围绕“探寻中华起源，增强文化自信”这一宗旨，主要以起源地文化与知识产权，起源地文化与品牌建设，起源地文化与守正创新，起源地文化与产业融合发展为核心，开展专项课题研究、研讨会、培训、论坛，文化创意产业规划策划，乡村振兴规划策划，品牌文化建设与推广，起源馆的规划与运营，知识产权体系规划策划，起源地信息数据标准化推广，大型活动策划与运营等文化产业相关业务。

起源地城市规划设计院乡村文化振兴办公室

起源地城市规划设计院乡村文化振兴办公室成立于2021年6月，是积极响应国家关于实施乡村振兴战略的重要举措，以探寻中华起源、增强文化自信为宗旨，以梳理乡村文化脉络、涵养乡村文化根基、促进乡村文化觉醒、培育乡村文化主体、鼓励乡村文化创新、激发村民文化参与、助力乡村文化振兴为运营理念，职能是围绕乡村振兴、数字乡村、数字标准化、城乡融合发展、新型城镇化、文化旅游、文化产业发展、文创农创、研学旅行、科普创新、科技创新、知识产权等领域，为城市、乡村、特色小镇、特色小城镇、田园综合体、产业园区及各项建设提供规划策划、资源对接、政策解读 、学术研究、文脉梳理、数字研发、传播推广、知识产权、培训、产业落地等服务。

起源地文化产业有限公司

起源地文化产业有限公司成立于2022年1月，是贯彻落实《中华人民共和国国民经济和社会发展第十四个五年规划纲要》指出的要构建一批各具特色、优势互补、结构合理的战略性新兴产业增长引擎，培育新技术、新产品、新业态、新模式。推进服务业标准化、品牌化建设。深入实施科教兴国战略、人才强国战略、创新驱动发展战略。坚定不移建设制造强国、质量强国、网络强国、数字中国。推进产业基础高级化、产业链现代化，提高经济质量效益和核心竞争

力的重要举措。目前，起源地文化产业有限公司主要负责源贡品牌产品体系的管理运营和起源地品牌管理人才高级研讨班项目运营管理工作。

中国起源地智库专家委员会

起源地文化传播中心汇集专家团队构建中国起源地专家智库，目前，中国起源地智库专家达到270余位，汇集了国家发改委、文化和旅游部、国资委、国务院发展研究中心、国家文物局、中国艺术研究院、中国文联、北京大学、清华大学、北京师范大学、中国科学院、中国社科院、中国农科院、中国人民大学、中央财经大学、中国传媒大学、浙江大学、上海大学等机构、高校及研究单位，涵盖经济、文化、社会科学、教育、民间文化等领域，开展了30余项重大课题研究工作。

国务院发展研究中心中国起源地文化研究课题组

起源地文化传播中心与国务院发展研究中心东方所于2016年3月共同成立中国起源地文化研究课题组。课题组组长分别由起源地文化传播中心主任、起源地城市规划设计院院长李竞生担任。自成立以来，课题组秉承“唯实求真，守正出新”的核心价值，汇集融合国务院发展研究中心专家与中国起源地智库专家，通过运用国家政策导向研究起源地文化重大课题，赴浙江宁波、吉林四平、湖北襄阳、甘肃甘南等地进行实地田野调研并取得重要成果。

《中国起源地文化志系列丛书》编辑委员会

起源地文化传播中心与知识产权出版社于2018年11月共同成立《中国起源地文化志系列丛书》编辑委员会。根据《〈中国起源地文化志系列丛书〉编纂出版规范》出版了《中国旗袍文化·沈阳卷》《中国葫芦文化·天津宝坻卷》《中国精卫文化·山西长子卷》《天妃文化在宁波》等为代表的中国起源地文化志系列丛书。另有《民间文化起源地探源与文化创意产业研究》一书已经出版。

起源地信息数据标准化技术委员会

2020年9月，起源地文化传播中心与中国科学院自动化研究所共同成立起源地信息数据标准化技术委员会。起源地信息数据标准化技术委员会主任由起源地文化传播中心主任、起源地城市规划设计院院长李竞生，中国科学院自动化研究所人工智能与数字医疗中心主任、物联网与智能感知实验室主任李学恩担任。起源地信息数据标准化技术工作的开展为进一步建立和完善起源地文化事业和文化产业信息数据标准体系，推动起源地文化与科技相融合，为起源地文化高质量发展奠定坚实基础。目前，已成功开展了《中国起源地品牌通用评定要求》团体标准和《中国起源地特色产品通用评定标准》团体标准的编制起草工作，益于建立中国起源地品牌数据库和“中华源字号”标识的应用与传播，有效推动中国起源地特色产品、品牌和一乡一品产业发展模式的完善

工作，通过强化标准引领力争实现对全领域、全环节、所有产品的有效溯源，让人民群众有渠道了解每个地方特色产品的实际生产源。欢迎各政府部门、企事业单位、科研院所、高等院校、行业协会、个人积极参与“两项团体标准”编制起草工作，共同推动新时代中国起源地文化、品牌、产业高质量发展、深化中华文明探源工程，全面建设社会主义文化强国。

中国民协中国起源地文化研究中心

中国民协中国起源地文化研究中心是由中国民间文艺家协会于 2016 年 5 月批准成立的起源地文化研究机构。由中国民间文艺家协会、中国文联民间文艺艺术中心主管，接受中国文联、中宣部、文化和旅游部的业务指导。主要职责是梳理中华优秀传统文化脉络、记录各物质、非物质文化的起源，传承和发展中华优秀传统文化。中国民协中国起源地文化研究中心将继续保持与政府部门、研究机构和企业界的广泛联系和密切合作，用高水平的研究成果和咨询意见为政府和社会服务。

中国西促会起源地文化发展研究工作委员会

起源地文化传播中心与中国西部研究与发展促进会于 2014 年 12 月共同成立中国西促会起源地文化发展研究工作委员会，由全国政协副主席、中国西促会会长李蒙亲自授牌成立。主要职责是研究中国西部地区起源地文化事业及相关产业，促进

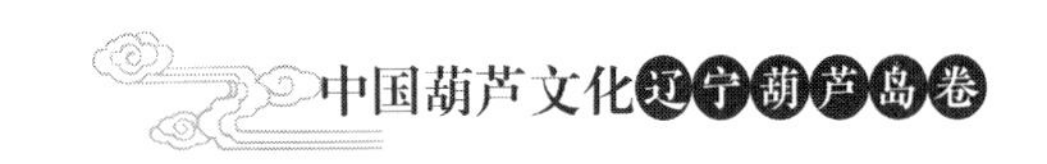

我国东、中、西部融合发展，为国家“一带一路”倡议贡献力量。自成立以来，开展了“一带一路”探寻起源地文化万里行走进宁夏中宁、甘肃和文化扶贫、文化贸易等工作。

中国起源地网

中国起源地网（www.qiyuandi.cn）是由起源地文化传播中心主办的新媒体综合服务平台，涵盖20余个频道和50余个主题，传播起源地文化声音，弘扬文化价值。目前，以中国起源地网为核心，申办了新华号、人民号、起源号、微信公众号、今日头条号、搜狐号、网易号、一点资讯号、百度号、企鹅号、凤凰号、抖音、快手等组成新媒体传播矩阵。中国起源地网立足于强有力的起源地文化传播优势，兼并自身传播的特色优势，以及新媒体的发展优势，完成了辐射受众群体和吸引大众关注视线的全方位人群覆盖，以服务心态赢得公众青睐！

中国起源地媒体联盟

中国起源地媒体联盟的主要职责是传播中华优秀传统文化，讲好中国起源地文化故事，让中华优秀文化走出去。截至目前，中国起源地媒体联盟有来自人民日报社、新华社、中央电视台、中国日报网、央广网、国际在线、中国网、光明网、中国台湾网、东方网、中国江西网、中国甘肃网、网易、腾讯网、新浪网、凤凰网等241位记者组成，共同传播起源地文化。完成全程跟踪报道中国起源地文化论坛、中国

旗袍文化节、中国枸杞文化节、中国满族文化节等重大活动。发布起源地文化原创稿件 10800 篇，转载起源地文化新闻稿件 180000 余篇，阅读传播量累计达到 150 亿人次。

起源云——中国文旅科教云平台

起源云是新时代文化电商、知识付费创新型平台，是起源地文化传播中心旗下的中国文旅科教等行业的综合服务云平台，是起源地大数据库信息系统，是品牌、产品、文化、旅游、科技、教育等领域起源的源头数据库。提供源视频、源声音、源品牌、源文创、源产品、源作品、源思想、源课程、源直播、源资讯等内容，微信一键登录。起源云为广大用户提供起源号服务功能，各企事业单位可以在起源云上开设自己的云平台。目前，已取得国家工信部颁发的增值电信业务经营许可证和艺术品经营单位许可证等相关许可证件。

起源地文化传播中心自成立以来，完成了一系列具有重要价值和重大影响的研究成果，为国家和地方政府提出了大量政策建议，为起源地文化发展作出了贡献。同时，起源地文化的广泛传播为讲好中国故事，让中国文化走出去，传承、发展中华优秀传统文化起着越来越重要的作用。

附　录

附件 1：关于申报中国起源地文化研究课题的管理细则

【2021 年修订版】源字第〔2021〕11 号

总　则

为贯彻党的十九大会议精神，坚定以习近平新时代中国特色社会主义思想为指导，进一步加大传承和发展中华优秀传统文化力度，推动文化产业转型升级，根据中共中央办公厅、国务院办公厅印发的《关于实施中华优秀传统文化传承发展工程的意见》并发出通知要求各地区各部门结合实际认真贯彻落实的精神，由起源地文化传播中心组织中国民间文艺家协会中国起源地文化研究中心、中国西部研究与发展促进会起源地文化研究与发展工作委员会、中国起源地智库专家委员会联合成立中国起源地文化研究课题。

中国起源地文化研究课题是深入实地调研、田野调研、研讨论证，对各地区的起源地文化进行脉络梳理，对文化产业发展的政策、理论和现实问题进行研究，以及理论成果转化和应对对策研究。

为实现起源地文化研究课题管理工作的科学化、规范化、制度化，提高起源地文化研究课题的质量，规范研究

课题的评审，促进研究课题成果的转化，制定本管理细则。（以下简称起源地研究课题）。

一、宗旨

探寻中华起源，增强文化自信

二、申报内容及领域

（一）文化，（二）遗产，（三）节日，（四）艺术，（五）技艺，（六）传承人，（七）创始人，（八）体育，（九）科技，（十）教育，（十一）农业，（十二）地名，（十三）品牌，（十四）综合等。

三、申报单位要求

（一）政府部门

1. 政府部门申报项目应当符合国家文化产业政策发展方向，对文化产业发展具有服务或示范作用，重点是国家或地方文化发展改革规划所确定的重点产业项目和优秀的民间传统文化。

2. 原则上乡镇政府部门一个申报单位只能申报一个起源地文化研究课题项目。市县政府根据该区域发展重点，可申报多个起源地文化研究课题项目，同一项目不得多头申报或与其他来源渠道重复申报。

3. 贯彻落实《中共中央国务院关于积极发展现代农业扎实推进社会主义新农村建设的若干意见》（中发〔2007〕1号）精神，进一步加快发展一村一品，促进强村富民，推进社会主义新农村建设，构建和谐农村。

（二）企事业单位

1. 申报者为企事业单位的，应为 2021 年 12 月 31 日前在中国境内依法注册设立、具有独立法人资格的文化企业。财务管理制度健全，会计信用和纳税信用良好，具有一定规模实力，成长性好，最近三年内未受到文化行政部门或市场综合执法机构处罚，无其他违法违规记录，且不存在重大法律纠纷。

2. 申请项目应体现正确政治导向和文化方向，有利于弘扬社会主义核心价值观，预期社会效益和经济效益显著，符合国家文化产业重点发展方向，对当地文化产业发展有明显促进和示范作用。

3. 原则上一个企业只能申报一个起源地文化研究课题项目，一个企业集团只能申报两个起源地文化研究课题项目（含企业集团下属企业项目）。企业集团下属企业申报须经企业集团审核并出具推荐函。

4. 同一项目不得多头申报或与其他来源渠道重复申报。

5. 凡申报单位是企业的，必须由分管单位推荐。

（三）个人

参照以上（二）条款。

四、申报流程

第一阶段：申报。

（一）填写中国起源地文化研究课题项目申报书（以下简称申报书）。

1. 对申报项目名称、申报者、申报目的和意义进行简要说明。

2. 对申报项目的历史、现状、价值和传播状况等进行说明。

3. 保护、传播计划：对未来三年的传播、保护和管理机制等进行说明。

4. 认真填写以上内容，内容属实。

（二）申报材料清单。

1. 申报书（按规定认真填写）。

2. 申报者的有效证件（营业执照、申报人员身份证等有效证件）。

3. 辅助文件：

A. 申报项目的文字记载、史料等相关资料（出版物、音像资料）；

B. 申报项目的其他辅助材料。

（三）其他有助于说明申报项目的必要资料。

注：将上述材料邮寄至北京市海淀区丰贤中路中国民协中国起源地文化研究中心。

第二阶段：初步审核。

（一）对该项目的申报书及申报材料进行初步审核。

（二）对该项目的初步审核的结果在5个工作日内以书面形式告知申报单位或申报人。

第三阶段：调研。

（一）对该起源地文化研究课题申报项目组织相关专家进行实地调研。

（二）将该起源地申报项目在实地调研过程进行记录，并签署专家调研意见。

（三）在7个工作日内将调研结果书面告知申报单位或申报人。

第四阶段：课题研究。

（一）成立专项课题组。

（二）组织专家研讨。

（三）编写课题报告。

第五阶段：课题评审。

（一）申报单位代表进行现场答辩。

（二）专家评审并签署意见。

（三）对课题研究成果进行发布。

第六阶段：知识产权保护研究成果将向中国版权保护中心申请登记，并取得由中华人民共和国国家版权局统一监制的证书。

起源地文化传播中心

中国民协中国起源地文化研究中心

中国西促会起源地文化发展研究工作委员会

附件2：2022年度中国起源地文化研究课题项目申报书

申报项目代码:______

申报项目类别:______________

申报项目名称:______________

项目所在地域:______________

年 月 日

第一章　基本信息

属　　地		申报名称	
申报单位		负 责 人	
通讯地址		邮　　编	
电　　话		传　　真	
电子信箱			
所在区域及其地理环境			

第二章　申报项目说明

类别		代码	
区域			
基本内容			
历史来源			
文化价值			
发展现状			
发展规划			

第三章 申报项目管理情况

管理组织	组织名称		责任人	
	通讯地址		邮 编	
	电 话		传 真	
	电子信箱			
资金投入情况				
已采取的保护措施				

第四章 申报项目的保护与传播计划

保护内容			
传播计划			
三年计划	时间	措施	预期目标
保护措施			
宣传计划			
建立机制	在实施三年保护传播规划中，重点抓好：（一）有保护规划。（二）有保证措施。（三）有领导分管。（四）有直接责任人。（五）有资金保障。（六）有传播计划。		
经费预算及其依据说明			
备注			

第五章　申报推荐单位

申报单位意见	签字（盖章）
推荐单位意见	签字（盖章）

填表注意事项

1. 填写前，请先仔细阅读封底的有关要求，然后按照要求认真填写。

2. 电子版请采用仿宋体四号字，行距为固定值 24 磅，标准字间距。

3. 手写请用钢笔、签字笔填写。字迹务必工整清晰，以利电脑录入时易于辨认。

4. 证书复印件、图片、历史记载等图文相关辅助资料请以附件形式放置本申报书后。申报书封面申报项目名称处务必加盖申报单位公章。

5. 本申报书复印无效。

6. 邮箱：xxzx@qiyuandi.cn。

7. 邮寄地址：北京市海淀区丰贤中路 7 号院中国民协中国起源地文化研究中心。

8. 联系人：唐磊，于滢，固定电话：010-62575309，移动号码：18911123926。

填写本表的有关要求

位置	序号	项目	填写要求
封面	1	申报项目类别	（一）文化，（二）遗产，（三）节日，（四）艺术，（五）技艺，（六）传承人，（七）创始人，（八）体育，（九）科技，（十）教育，（十一）农业，（十二）地名，（十三）品牌，（十四）综合等
	2	项目申报名称	根据实际申报项目进行填写
	3	项目所在区域	详写至街道或乡镇
第一章	4	属地	填写申报项目所在的县级行政区
	5	申报名称	根据实际申报项目进行填写
	6	申报单位	申报项目的主体
	7	负责人	负责人应为申报单位的法定代表人、主要管理者、主要负责人，负责人填写的信息应与身份证信息一致
	8	通讯地址	地址请尽量写详细，省、市、区、县、街道、门牌号、楼号（单元号）、楼层号、室号应写齐，不可省略
	9	邮编	申报者所在区域邮政编码
	10	电话	申报者和负责人电话
	11	传真	申报者和负责人传真
	12	电子信箱	申报者和负责人电子信箱
	13	所在区域	所在地理位置，气候、土地、河流、湖泊、山脉、矿藏以及动植物资源等地理环境
第二章	14	类别	请参见对第1项“申报项目类别”的要求
	15	代码	无须填写
	16	区域	详写至街道或乡镇
	17	基本内容	申报项目的经济、文化、发展理念等多角度进行基本情况介绍
	18	文化价值	申报项目文化的重要意义和重要价值，以及所推动文化
	19	历史来源	根据文字记载史、考古挖掘、重大发现、口述史、其他依据等资料来填写
	20	发展现状	申报项目目前发展情况介绍
	21	发展规划	申报项目未来发展规划介绍

续表

位置	序号	项目	填写要求
第三章	22	组织名称	实施管理本项目的单位全称
	23	责任人	本申报项目的负责人
	24	通讯地址	请参见对第8项“通讯地址”的要求
	25	邮编	组织单位所在区域邮政编码
	26	电话	组织单位和责任人电话
	27	传真	组织单位和责任人传真
	28	电子信箱	组织单位和责任人电子邮箱
	29	资金投入情况	个人、团体、政府、企业等对本文化项目的资金投入情况
	30	已采取的措施	个人、团体、政府、企业等对本文化项目进行挖掘、传承、梳理等采取保护措施的情况
第四章	31	保护内容	对本文化项目采取的各项保护内容
	32	传播计划	对本文化项目采取的传播计划
	33	三年计划	未来三年内所计划规划的产业、宣传传播、活动、园区建设等计划
	34	保护措施	对本项目采取的保护措施
	35	宣传计划	对本项目采取的宣传计划
	36	建立机制	对本项目机制建立情况介绍
	37	经费预算	对本项目投入经费预算与计划
第五章	38	申报单位意见	申报单位意见、签字盖章
	39	推荐单位意见	申报单位为企业和个人的应由属地主管单位填写推荐意见并盖章，申报单位为政府部门、事业单位、行业协会的由起源地文化传播中心填写推荐意见并盖章